忌思

京味食记

赵敏——编著

北京日报出版社

图书在版编目（CIP）数据

京味食记 / 赵敏编著. -- 北京 : 北京日报出版社,
2020.8
（老北京有意思）
ISBN 978-7-5477-3687-6

Ⅰ. ①京…　Ⅱ. ①赵…　Ⅲ. ①饮食－文化－介绍－北京　Ⅳ. ①TS971.202.1

中国版本图书馆CIP数据核字(2020)第116875号

京味食记

出版发行：北京日报出版社
地　　址：北京市东城区东单三条 8–16 号东方广场东配楼四层
邮　　编：100005
电　　话：发行部：（010）65255876
　　　　　总编室：（010）65252135
印　　刷：河北宝昌佳彩印刷有限公司
经　　销：各地新华书店
版　　次：2020 年 9 月第 1 版
　　　　　2020 年 9 月第 1 次印刷
开　　本：710 毫米 ×1000 毫米　1/32
印　　张：9.5
字　　数：174 千字
定　　价：39.80 元

前言

老北京的故事确实很有意思。

北京山川形胜，“左环沧海，右拥太行，北枕居庸，南襟河济”，既是北方少数民族与中原汉族的过渡地带，也是连接东北平原、华北平原、内蒙古高原的交通要隘。因此，这里历来便是五方之民汇集之地，既有中原的汉族居民，也有北边的游牧民族和渔猎民族。自元朝定都大都之后，更是汇集了全国各地的官员举子、豪商巨贾、贩夫走卒，甚至有大量来自西亚乃至欧洲的“色目人”。

且近千年以来，每有战乱变局，北京皆无法避免，凡是中华的大灾大难，北京定首当其冲。尤其是清朝末年以来，中国面临“数千年未有之变局”，欧洲诸国的通商传教之人，麇集京师及各省腹地，极大地冲击了中华传统文化。北京乃是中外思想文化交锋的最前线，无论是庙堂之上，还是市井民间，皆承受了种种阵痛。

这些有着不同文化习俗、操着不同口音、有着不同思维方式的人们，在各种文化交融、时局变幻莫测的局面之下，为各自的坚持，相互碰撞，演绎出一个又一个精彩的故事。

老北京有意思系列图书，分为五册，分门别类地讲述了一些身处庙堂朝廷、市井江湖、五行八作的人，以及一些发生在深宅大院、寻常人家、街头巷尾的事。既有皇室后宫的逸事，也有高官贵族的趣事，更多的是市井民间的奇人妙事，并着重摘取记录了人们在时代变迁的大背景下，无论是皇帝太后、文武百官，还是平民百姓，都在辛苦挣扎、痛苦转变的那一瞬间。有人惶恐不安，有人处变不惊；有人顺应潮流，有人故步自封；有人慷慨赴义，有人蝇营狗苟……种种怪状，不一而足。

在讲述这些故事的过程中，作者花费了大量笔墨将老北京这块热土上诞生的“京味儿文化”记录了下来，描摹出最具特色的老北京韵味，将北京的历史文化、传统文化、民间文化和谐地融为一体。不仅如此，本书还配有大量珍贵的老照片，能让读者更直观地了解北京文化。

在成书的过程中，作者查阅了大量资料，参考了大量前贤佳作，力求精彩，兼顾真实，只为描摹出老北京纵横激荡的场景。但由于笔力有限，才学不足，若有错漏之处，敬请指教。

目录

老的更比新的香

老黄米

晚清至民国时期，北京城里的旗人爱吃老黄米。这老黄米其实就是陈年旧米，在仓库里放久了，发霉变质，颜色泛黄，就成了旗人喜欢的老黄米。

清朝末年，老北京有个奇怪的风俗，就是流行“老米”。这“老米”究竟是何物？其实就是压仓底的陈年旧米，发霉变色，且有异味儿。老北京人为何喜欢吃这种米呢？要想讲清楚原因，先得从北京城里的数十万旗人说起。

清军进了北京城之后，八旗分别驻扎在各个城门，拱卫北京。对于自己统治的基础——旗人，清廷自然是分外优待，首先是免去了他们除兵役之外的全部义务。其次是旗人成年之后，就可以按月领取饷银和军粮。这就是旗人戏称的“铁杆庄稼”。

朝阳门是漕粮出入必经的城门

自从元朝定都北京之后，“军国之需，尽仰给于江南”，北京一城人几十万张嘴，主要靠从江南运过来的粮食喂养。到了清朝，北京城里八旗子弟的军粮，自然也是主要靠江南供给。江南乃鱼米之乡，所生产的粮食主要是大米，况且大米易储存，也成为南粮北调的主力。清廷每年平均从山东、河南、江苏、浙江、安徽、湖南、湖北等省征收四百六十多万石粮食（约十四万吨），运到北京来。

这么多粮食，是如何运到北京来的呢？自然是依赖京杭大运河了，这就是元、明、清三个朝代一直都很重要的漕运。漕粮沿京杭大运河一路向北，抵达运河通州段的石、土两坝，然后用驳船将石坝漕粮经通惠河各闸口运到东便门外大通桥附近停靠，再由朝阳门进城运进城里的粮仓中；土坝漕粮则经通州护城河运到通州的中、西两仓。

漕运受气候影响很大，一旦有水灾和旱灾，就会造成运河航运停滞。清廷通过沿用部分元明粮仓，再进行增建，就有了十三座粮仓，并用来储藏皇粮、俸米。这十三座粮仓为禄米仓、南新仓、旧太仓、海运仓、北新仓、富新仓、兴平仓、太平仓、万安仓、裕丰仓、储济仓、本裕仓、丰益仓。

康乾盛世之时，国力鼎盛，这些粮仓都装得满满当当。粮食多了，吃不完，自然免不了要发霉变质。清廷也不管这些，照样把这些变质的米发下来。后来，就成了定例，有新米也不发，只发老米。

晚清时期老北京的米店

老米，又叫“黄花米”，含有致癌物质，是不可以食用的。那时的人也知道这老米不能直接食用，要送到“老米碓坊”进行加工。“老米碓坊”也称“铺户”“碓房”，经营加工老米收入不菲，因为旗人的禄米是按“四季发放”，所以每次的量都很大；而且旗人要卖掉一部分禄米来补贴家用，因此这些铺户也兼营收售老米的业务。所以，每次放粮的时候，这些铺户就大量收购囤积。

这些铺户囤积的老米要卖给谁呢？清末满族文人震钧所著的《天咫偶闻》记载说：“京师贵人家以紫色米为尚，无肯食白粳者。”原来，是卖给“京师贵人家”。

旗人由于年年吃的都是陈米，时间长了，居然吃上了瘾，好多旗人有新米也不愿意吃，更愿意吃老米。据说，这种老米去了油性，吃起来开胃、爽口，还有一种奇香。到后来，这种风气向上蔓延，甚至连上层贵族、皇上也爱吃。上有所好，下必甚焉，皇上爱吃的东西，谁不想去尝一尝？这导致了老米在京城里的汉民中也流行起来。于是，老米价格也水涨船高，比新米要贵多了。据说当时旗人到汉民家串门，用黄布口袋装上一些老米作为礼物，倒也颇受欢迎。

清朝末年的旗人，不事劳作生产，不上战场征战，衣来伸手饭来张口，整日喝茶遛鸟。这样的旗人难免会出现财政赤字，要“寅吃卯粮”，遇到不得已的情况还要把还没到期的米券低价卖出去。米券就是当时旗人领取禄米的凭证，于是有些铺户就专门做这个“收券”的行当，倒也获利不少。

但是乱世将至的北京城，这安生日子是没法长久过下去的。清朝末年，义和团与八国联军先后进了北京城。据说，八国联军统帅、德军元帅瓦德西特许士兵在北京公开抢劫三天，之后各国军队又抢劫多日，整个北京城都被糟蹋得不成样子。英国人记载说：“北京成了真正的坟场，到处都是死人，无人掩埋他们，任凭野狗去啃食尸体。”

清廷实际上的统治者慈禧太后则带着光绪皇帝，一口气跑了几千里，到了陕西西安。直到第二年，李鸿章与各国签署了《辛丑条约》，八国联军陆续退兵，慈禧才敢返回北京城。

慈禧回来一看，肺都气炸了：这十三个粮仓，被八国联军抢得干干净净，一粒米也没剩下。再一问，说有个叫刘鹗的人，竟然从俄国人那里把太仓的粮食买下来，救济京城百姓。慈禧奈何不了洋人，就把气撒在刘鹗头上，以“私售仓粟”的罪名把他抓起来，流放到了迪化（乌鲁木齐）。

这刘鹗，在近代也是一个大名鼎鼎的人物，他学识博杂，精于考古，长于文学，并在算学、医道、治河等方面均有出类拔萃的成就，有着“小说家、诗人、哲学家、音乐家、医生、企业家、数学家、藏书家、古董收藏家、水利专家、慈善家”等一系列名头。他创作的《老残游记》，是晚清的四大谴责小说之一，是中国文学史上一座避不开的丰碑。

八国联军来了之后，漕运被迫停止，粮仓被占领，北京居民面临饥饿威胁。刘鹗听说后，不避兵矢，从上海购粮食经海路运到北京，救济满城百姓。当时俄军占领北京太仓，因仓内有老鼠，俄军扬言要举火焚烧，刘鹗紧急联合其他赈济团体集款，将太仓存米全部买下，救下许多人的性命。不料后来竟然被扣上“盗卖太仓官米”这一大罪状。刘鹗被流放到迪化不久就死在那里。

再说北京的老黄米，因为十三仓被洗劫一空，老黄米的根儿也就断了。再加上海运和铁路已经通畅，清廷也就废止了漕运，也就没必要再储存那么多粮食，十三仓也都另作他用了。

但是，爱吃老米的人还没有消失，于是有一些无良粮店，把好大米用水泡、烟熏，伪造成老米，谎称是店里的存货，倒也可以以假乱真，以高出新米两三倍的价格出售，发了一笔横财。

进了民国，这个生意也做不下去了，因为没有人相信经过十几年售卖，竟然还有存货。这有老米癖的人，也不是傻瓜，非得花高价去买冒牌货过嘴瘾。

只有一些旗人，还留有一些存货，他们把这当成了宝贝，数着米粒吃，只有逢年过节、招待贵客，才会做一点儿。据说一直到20世纪50年代，老米才算绝迹了。

老米碓坊

民国时期一家粮店店员的合影

“老黄米”必须经过碓碾将稻壳、糙皮去掉才能做饭食用。负责加工老黄米的店铺被称作“老米碓坊”，也称“铺户”“碓房”。因为京城的旗人数量多，老米碓坊自然也不少。乾隆年间，京城这种碓房已经达到了千余所。六合碓坊位于崇文门外大街东侧的榄杆市（现广渠门内大街），是由六个山东粮商合资开办的店铺，故称“六合”，徐彦臣是领东掌柜。六合碓坊专为旗人碓碾老米，但不收加工费，而是用扣留的老米顶替。由于六合碓坊加工活儿干得干净，收费又较低，故此，到这里加工老米的顾客很多。六合碓坊再将扣留的老米经过加工后在店中高价售给那些爱吃却吃不到老米的汉人，因此获利颇丰，生意相当兴旺。辛亥革命后，清廷被推翻，旗人按月领取钱粮禄米的制度被废除，六合碓坊加工老米的生意也就没了，改售米面杂粮，于是改称六合粮店。

耍宝老妇人

牛筋儿豌豆

老北京人喜欢吃豌豆。豌豆在老北京人的食谱中占据不低的地位。有慈禧喜食的老北京传统小吃豌豆黄，有民间很流行的豌豆粥，也有孩子们热爱的零嘴炒豌豆、牛筋儿豌豆等。

民国初年，每遇雨后天晴，就有许多贫家小童，提着筐子，沿街叫卖:“豌豆来——干的香——啊！”或是“赛过牛筋儿——豌豆！”或是“豌豆——多给喽！”这些叫卖声用老北京独特的腔调婉转喊来，有种特别的韵味。

牛筋儿豌豆，这做法很简单，将洗干净的豌豆（老北京人称之“老豌豆”）加五香粉、盐，用水煮，不要熟烂，九成熟就行，然后捞出来晾一会儿。晾过之后的煮豌豆表皮起皱，就叫“牛筋儿豌豆”。这豌豆样子不起眼，但入口筋道，越嚼越香。

牛筋儿豌豆不论斤两卖，而是论把。市井人家买几把，大人拿来下酒，小孩用来解馋，生意倒也红火。

相声大师侯宝林小时因家境贫困，也曾卖过牛筋儿豌豆，买十枚大铜板的豌豆，加工成牛筋儿豌豆后，能卖到二十多枚，获得十多枚，够买一斤玉米面蒸顿窝窝头了。

卖豌豆的多是小童，却有个老太太也在卖豌豆。

这老太太看上去有六十多岁了，牙已经掉光了，偏偏还要出来跟小童抢生意。

更过分的是，这老太太的打扮一点儿也没有穷苦人家的穷酸样：梳着一尺多高的“大京样”，手腕上还戴着藤镯、戒环，足蹬小高底鞋，身穿蓝布衫，俨然大户人家后宅里经常可见的旗人老太太模样。

唯一比较违和的就是斜挎着的那个布袋了，布袋里装着

满族妇女

的就是牛筋儿豌豆。大多小童卖豌豆都是在雨后出现，但这老太太是不定时的，神出鬼没。小童卖豌豆都要用京腔吆喝着，叫卖声颇为动听，而老太太虽然也唱，但更多是靠一些滑稽的小花样来售卖：头上插着兔儿草、抿子草、星星草，有小孩摘朵鲜花送给她，她也插在头上。

她开始卖豌豆的时候，先快节奏地吆喝几声：“豌豆来——干的香——花椒大料配得香——啊！”街上的闲人就三五成群地聚拢过来了，有拉黄包车的车夫，有挑鱼的脚夫，有沿街叫卖的摊贩……也都是些穷哈哈，人人脸上带着似笑非笑的表情——去听戏、听相声、听曲儿都要花钱的，不花钱的热闹凑一下也无妨。于是就有人喊：“来买豌豆。”老太太必然回应说：“哪儿在叫妞儿啊。”周围一阵欢乐的笑声。如果老太太看出来是逗着玩，不是真买豌豆，就会说：“东屋里有臭虫，妞儿不去。”又是一阵欢乐的笑声。有人问：“谁给你戴的花啊？”她就会回答：“婆婆给戴的花。”于是又激起一阵笑声。

每次回答都一成不变，渐渐地，老太太的这些套路被人们熟知，不再觉得新鲜了，也就没有多少人围观了。

倘若没有人旁观，老太太就自娱自乐，自己喊一声：“开正步走！”然后嘴里模拟着军鼓军号的声音，甩起胳膊迈开腿，开始正步走起来，倒也颇有几分庚子年间北京城里八国联军士兵的气势。

晚清时期北京老年妇女

于是人们就又聚拢过来了。就有人喊：“唱个小曲儿吧，要带表演的，唱了就买你的豌豆。”老太太就开唱了。经常唱《叹烟鬼》。唱的时候，会一手做扶烟枪状，一手做拿烟扦子状，头歪着，做吸大烟状，唱道：“抽大烟呐，上了瘾，斗黏成了精……”接着装出昆虫爬行的模样，说：“哪里有那么大的斗黏啊，原来是只屎壳郎。”有时候就会学着屎壳郎爬行的模样，边唱边走远了。

有时候会有人撺掇她唱《秃妞儿想丈夫》。《秃妞儿想丈夫》是北京民间流传的黄色小曲儿。她会边唱边拍头，以示头顶长了秃疮。此外还有一些表演，较为下流，但博来了周围人暧昧的笑声。

有时候也会有砸场子的，或是一个六十多岁的老头，或是几个三四十岁的壮汉，只要遇到老太太，定会扯着她装豌豆的口袋，把里面的豌豆都倒到路边，然后把她拖走。

于是旁观的人们止住笑声，作鸟兽散。

这些人是老太太的丈夫和儿子。据知情人说，老太太家住北新桥箍筲胡同，夫家是正白旗人，世代担任东直门守门官，也算是有头有脸的人家。不知道什么时候起，这老太太就得了心疾（疯病），上街出丑卖乖。

20 世纪 30 年代的满族女子

晚清时期的东直门

有人说，是因为十几年前八国联军打进北京城，老太太娘家人守城门，结果死了个一干二净，从此落下此疾。也有人说，是因为前几年大清朝说没就没了，袁大头当上了大总统，这老太太一时想不开，就得病了。有人就纠正说，不是因为大清没有了想不开——她对大清也没那么忠心，是因为大清没了，旗饷没了，钱粮和俸米没了，这才受不了刺激，得了疯病。

还有人说，这是因为没积德啊，大清还在的时候，这家人做守门官，每天最喜欢看这些苦哈哈被关在城门里，这就是报应啊。这一说法得到京城里很多苦哈哈的点头赞同。

北京城的城门每日酉时就要关闭。这些苦哈哈大都住在城外，到晚上若被关在城门里可不得了了。清朝北京有宵禁，每天夜里二更天开始，大街上除了巡逻的士兵、衙差、打更人外，任何人都一律按盗贼抓捕，在动乱时期甚至可以按谋逆大罪论处。没办法，只能去住店，但城里旅店那个贵啊，住一晚上好几天的收入就没了。有更穷苦一点儿的，家里都在等米下锅，出不了城一家都得挨饿。

那时候没有手表，只能看太阳算时间，没有谁能掐着点出城，一不小心就晚了。城门关了，去求城门官开恩，非但不通融，还要遭遇训斥和白眼。那就只能每天提早出城，可这耽误了多少生意啊！这些围观的苦哈哈大多都有这样的经历。大清还在时，他们敢怒不敢言，这一肚子气都憋到现在，可以嚼舌头发泄一下了。

过了几年，街上突然没有老太太的身影了，人们猜测其应该是过世了。又过了些日子，街上就再没有人提她了。老太太竟像是青烟一般，消散在四九城里，就好像从没有来过一样。

豌豆黄

豌豆黄是北京一种传统小吃，由豌豆加红枣制作，俗称糙豌豆黄儿，通常在庙会等场合，置于罩有湿蓝布的独轮车上叫卖。后来传入宫中，经过御膳房御厨们的改进，成为著名的宫廷小吃，被称为细豌豆黄儿。传说是因为慈禧太后喜欢吃豌豆黄，御厨们才绞尽脑汁把制作简单的民间小吃改成加工复杂的宫廷小吃。进入民国，细豌豆黄儿也传入民间，北海公园仿膳茶庄也开始卖这种宫廷小吃。据说这两个饭店的厨师原本就是皇宫中专门给慈禧做豌豆黄的。

豌豆黄

张麻子发家

雪花落

中国冬天储冰、夏天消暑的习俗很早就有了。周朝就有一种官职叫凌人，专门负责藏冰。宋朝的时候，出现了冰中加水果的商品，跟现在的冰棍类似。元朝时，喜欢乳制品的游牧民族在冰中加了牛奶，于是“奶冰”就诞生了，这似乎就是“冰沙”的原型。到清朝时，类似冰激凌的“水乌他”，是老北京人消暑的小玩意儿。

老舍说:“在太平年月，北平的夏天是很可爱的。”

确实是这样，但是，整个民国，北平又过了几天太平岁月呢?

不过，可爱之余，酷热也是难免的。要不为啥每年夏天皇帝要带着文武大臣、嫔妃仆役到承德的避暑山庄呢?康熙爷、乾隆爷每年差不多有半年时间要跑到承德去，可见北京城里有多热了。

皇帝带着文武大臣跑了，剩下满城的人在这里煎熬着。

幸好，还有冰窖。

说起冰窖，那年代可就远了，早在周朝就已经有冰窖，冬天储存冰块，保存到夏天，然后拿出来享用。那时候的冰窖，叫“凌阴”，结构已经很科学了;负责凌阴的官职叫“凌人”，掌管采冰、储冰和用冰之事;夏天专门存冰的器具则叫“冰鉴”，是用青铜铸造的，存放食品可以保鲜，作用如同今日之冰箱。

这个习俗一直流传下来，但由于存储冰块实在是一个投入高的事情，在生产技术不发达的古代，基本上只有富甲天下的皇室才有这样的能力。因此在秦汉时期，皇帝在夏天赏赐下臣，常常赐冰。

到了宋朝的时候，民间制冰也开始兴起了。夏天的时候拿出去售卖，用以消暑。

到了清朝，官方制冰和民间制冰的规模可就都大多了。

老北京官办冰窖，足有十八处之多，每处藏冰都有几万块之多。民办冰窖，规模没有官办的大，但数量也有几十处。

官办冰窖，比较讲究。像雪池冰窖，位于雪池胡同10号，为半地下建筑，窖底下沉地面以下约一米五，露出地面上只一米来高，无窗，窖顶是人字形的起脊双坡，覆盖琉璃筒瓦，内部为拱形，很像一个地下城门洞子，墙体和拱券全部由砖砌筑而成。两端山墙上开有宽约一米、高约两米的拱门，有台阶通往窖底。

窖底是密密麻麻打造的木桩，每根木桩大概高在一米到一米二之间。木桩的作用是隔地热、引流冰水，哪怕有冰块

老北京的采冰人

融化成水，也不会淤积在地面，都顺着木桩流走了，保证冰块不会被水浸泡。为隔热保温，墙体和拱顶与屋瓦间填有很厚的夯土。

民办冰窖，就简易多了，也就是地下挖一个很深很大的地坑，在中间立上木头支柱，在支柱上面搪上厚木板做棚，然后再在厚木板的上面铺上一层很厚的土为盖，留有一个很严实的门。

到了夏天，经营冰窖的人家就开始售冰，小摊小贩们每天从这里购冰，然后各显其能，做出各式各样的饮品，招徕顾客。售冰的师傅称作打冰师傅，打冰这活儿也是很有技术含量的。因为冰窖的门不能常开，要快进快出，而且冰块不同于其他，裁多了不能减，裁少了不给补，皆因碎冰块化得快。因此，手艺精湛的师傅，裁冰的时候不量不算，裁出来的冰极方极正，而且分量不差分毫。

最简单的是卖冰核儿。就是从冰窖买一个大冰块，也不进行加工，直接沿街叫卖。卖冰核儿的多是穷人家孩子，买的也是穷人家的孩子。讲究一点儿的，大多要喝各种冰制饮品。

有一种饮品叫雪花落，颇为盛行。常能听到卖雪花落的小贩吆喝："冰激凌、雪花落，贱卖多给拉拉主道（主顾）——盛得多，给得多，又凉又甜又好喝……"卖雪花落的装置，外面是一个木筲，里面装着碎冰块，撒上盐，冰块中间是一

冬天在护城河边取冰

个铁桶，桶里是白开水加蔗糖。铁桶中间有一根轴，底下和木筲通着，轴上缠绳，卖雪花落的人两手来回拉绳，铁桶就在木筲里转动，使桶里的甜冰均匀地降温。

售卖的时候用带小眼儿的铁勺捞出冰凌盛在小碗里，那颜色就跟雪花落在地上一样。在盛夏的日头底下，喝一碗雪花落，那冰爽和痛快，给个皇帝都不换。

张麻子，就是经营雪花落的小贩。小时候出天花，保住了命，除留下了一脸麻子外，还留下一个“麻子”的外号，本名是什么，没人知道，也没人在乎。麻子脸，当不了饭馆、

客栈、药铺的学徒，只能自己求生路，于是就进入卖雪花落这个门槛不高的行当。雪花落用的是碎冰块，价格比较低廉，平民百姓也能享用得起。自然，利润也就不高了，每天赚不了几个钱，只能勉强糊口。

卖雪花落颇为辛苦，每天天不亮就上冰窖买冰，大中午是一天中天气最热的时候，却也是他最忙的时候，只有这个时候招徕顾客，成功率最高。每天出的汗，有好几斤。并且得在夏天把一年的钱挣出来，要不春、秋、冬雪花落卖不动，就得喝西北风。

张麻子人虽长得丑，但脑袋不笨，闲来无事琢磨生意。

有一天他就想：这雪花落算是穷人的奢侈品，不解饥渴，喝它也行，不喝也活得下去。但是，大人能禁得住这冰凉的诱惑，小孩能吗？

但是如何吸引小孩呢？

思量良久，拿出积蓄，张麻子做了个雪花落床子，两桶倒替，冰桶上轴安铁轮，系一个打水的小人儿玩偶。桶转人动，颇为生动。夏天的时候，张麻子把这床子一推出来，就引起轰动，三五成群的小孩把他围得水泄不通，大人们也在一旁指指点点。当然，生意也颇有起色。夏天过去，算了一下，收入不菲。过了几年，攒下些钱，竟然说上了一房媳妇。又过了一年，生了个儿子。又过了几年，宅子也有了。

张麻子虽然不识几个字，却很有主意，不想要儿子跟自

运送冰块的马车

己一样沦落为商贩，就花了大钱把儿子送去读书识字。“赚得再多，也没有读书有前途啊。”张麻子这般跟街坊说。

儿子也很争气，读书很有一套，先中了秀才，又中了举人，要不是大清朝突然没了，说不定还能出将入相、光耀门楣呢！

张麻子成功发家致富，成为一代传奇。多年后，还有些老人记得他，若买雪花落时，碰到那些缺斤短两的小贩就会以张麻子为榜样“教育”道:“积德吧，人家张麻子买卖厚道，现在成了卖雪花落的头一份儿财主，你这么偷奸耍滑地骗小孩子，八辈儿你也活该受穷！”

古代冰激凌

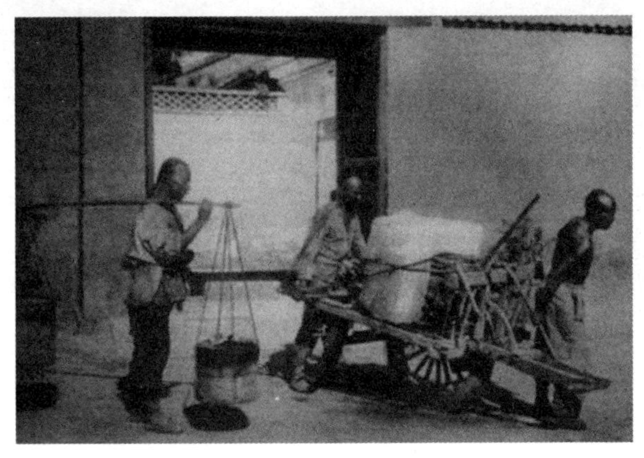

运送冰块

据唐朝的笔记小说《酉阳杂俎》记载，当时中国就已经有了类似于冰激凌的东西，如流质的“酪饮”与“糖酪”，前者为饮料，后者为水果的佐料。另有低温凝固如小山状的奶油类食品“酥山”，及以牛奶或羊奶配果汁之冷饮“冰酪”等。但当时用冰制作的消暑商品价格极为昂贵。到了宋朝，夏日加冰的冷饮已较为普遍，种类也非常多，如砂糖绿豆、卤梅水、椰子酒、荔枝膏水、梅花酒、沉香水等。另有“砂糖冰雪冷元子”“雪泡豆儿水”“雪泡梅花酒”等也很受市民的欢迎。传说，宋徽宗皇帝还因“食冰太过”而导致脾胃有了毛病，御医怎么治疗都没有效果，于是将民间名医杨介召入宫内。杨介用大理中丸为方，以冰煎煮，徽宗服后，病即愈。在元朝，有了在牛奶中加入冰的“奶冰”，后又加入了蜜饯和果酱，成为最早的冰激凌原型。相传马可·波罗在大都看见了冰激凌，把其制作方法带回了意大利，西方才有了冰激凌。

熏鱼儿成就一对鸳鸯

猪头肉

熏鱼儿不是鱼，是片非常薄的熏卤猪头肉。据说老北京的猪头肉颇有讲究，肥肉部分看起来白如肥脂，其实是香、脆、细嫩的白筋，煮卤过后，还要与黄花鱼和杉木一起熏过，方得其味。

清军在入关之前，已经与蒙古族结盟了，一起对抗明朝。入关之后，清朝非常优待蒙古族，视蒙古族为除满族之外的第一少数民族。不光是优待，清朝还通过联姻来加强对蒙古的笼络控制。努尔哈赤、皇太极、顺治、康熙四朝，就先后有四后、十三妃是蒙古族人。其中就包括大名鼎鼎的科尔沁博尔济吉特氏孝庄皇后。

清军入关前，是用武力将蒙古族征服的，蒙古各部族是为了表示臣服而将女子嫁入满族；入关之后，清廷则是为了笼络蒙古各部、加强藩属关系而主动将宗室女子嫁过去。

这种联姻果然很管用，满族和蒙古贵族之间长时间、多层次的通婚，不仅巩固了双方政治上的联盟，在经济、文化等方面也交流频繁。蒙古各部通过满蒙联盟，成为清朝统治最稳定的地区和最可依赖的力量。

这种稳固的关系一直持续很久。晚清时期，爆发了太平天国起义，满族的八旗军已经成了一盘散沙，只能依靠汉族人曾国藩、左宗棠、李鸿章等人的团练。清廷对汉族人的戒备心理非常强，一直以来尽量避免汉族人掌兵权，但这时候局势糜烂，八旗、绿营皆不足用，团练的崛起也是无奈之举。清廷唯一拿得出手的，可以与团练抗衡、与太平天国对垒的军队，只有僧格林沁的蒙古骑兵了。

太平天国北伐的时候，从浙江到安徽，再到河南，又去了山西，再去河北，一路势如破竹，大小城池望风披靡，最

后还是依赖僧格林沁的蒙古骑兵，才把北京保下来。

满族与蒙古族的关系如此亲密，交往如此频繁，北京城自然有接待蒙古王公贵族的地方，就是理藩院下属的内馆和外馆。东交民巷北的理藩院就是内馆，在安定门外西北方向、黄寺东侧的一片建筑叫作外馆。蒙古王公要轮班进京朝贡，谒见皇上，被分别安排在内外馆居住，他们的随员及商人也在此与内地商人进行贸易，这使得外馆十分繁华。

老北京卖猪头肉的分红柜子、白柜子以及肉车子三个流派。城内的都是红柜子；郊外的，尤其东西南三郊多为白柜子；北郊的外馆这里则是肉车子。北京的猪头肉，市人俗称

北京商人（京帮）“走东口”，其商品数量、商品种类、营业额、商人数量等，并不逊色于“西口”。

外馆也是“走东口”的起点，东口为张家口，西口是杀虎口

“熏鱼儿”。不知道为什么，卖猪头肉的吆喝的时候，却喊“炸面筋——吆嗽”。这卖猪头肉的从来都不卖炸面筋，顶多在黄花鱼季，捎带卖点熏鱼，因此“熏鱼儿”这个名称的来历就有了，但为什么要喊炸面筋呢？据老人们说，早先卖猪头肉的，确实也卖炸面筋，而且味道特别好吃，不知道为什么后来却不卖了。

卖猪头肉的，主要是卖猪头上的脸子、口条、猪脑和拱嘴，此外还有肘子、猪心、猪肝、猪肺、臁条、肥肠、粉肠、大肚、细苦肠，甚至猪尾巴、猪鞭子等猪身上的东西也都卖。红柜子、白柜子以及肉车子皆是如此。

红柜子是在城内出售的，就取一个“精”字。售卖人都

是在每天下午两三点钟才背着一只漆得朱红锃亮的小柜子，沿街叫卖。他们切的肉，薄如纸，也不称斤卖，而是论片卖。他们的猪肝不知怎么卤的，一点儿不咸，还有点儿甜味，下酒固佳，光吃猪肝也不会喊咸。此外还卖去皮熏鸡蛋，也不知道他们是怎么挑的，每个都比鸽子蛋大不了多少。

这肉车子，却取一个“诚”字。这里的猪头肉不切片，以斤两计，半斤切一块，一斤也切一块。红柜子虽然也带秤，但一天用不了一次，只有肉车子用秤。

1912 年后，大清灭亡，外馆这块地方也一下子荒凉起来了。这些肉车子，也散落到城里去卖了。

昆曲名家俞振飞从上海到北平，加入鸣和社（后改为秋声社）担任当家小生的时候，与一伙卖猪头肉的肉车子做了邻居，结果近水楼台，猪肝吃上瘾了。

俞振飞是著名的京剧、昆曲表演艺术家，出生在昆曲世家，父俞粟庐为著名昆曲唱家，自成“俞派”。俞振飞从十四岁开始学身段，后来学京剧。俞振飞由于有家学的底子，对剧情的理解和人物性格的把握高人一筹，同时他学识渊博，能诗善画，谈吐儒雅，表演巾生儒雅清新的风格最为突出，极富书卷气。

有一年，程砚秋到上海来唱戏，演出前先四处转转，到当地名流法租界审判长聂榕卿家拜客，正赶上聂家办堂会，本来也想登台唱一段。聂家怕影响他第二天的正式演出，就没有安排他唱，而只请他在台下看看。谁知，俞振飞出场一亮嗓子，就立即吸引了程砚秋。程砚秋觉得论扮相，小生中再也没有比他好的了，认定俞振飞很有前途。于是他托人询问俞愿不愿意跟他上北京，搭他的班。那时候俞振飞在暨南大学担任讲师，结果一听程砚秋的邀约，马上辞职北上，成为鸣和社专业小生演员，排演了一系列新剧目，一时间声名大噪。

这样一个全身都是文气的表演艺术家，却对猪肝着了迷，每日不光要自己吃，隔几天只要是有三五知己小酌，他总会带一包卤猪肝去。

俗话说“人怕出名猪怕壮”，俞振飞一出名就惹上了麻烦，有不少阔小姐、姨太太都迷他的戏，送他行头和各种各样的礼物。结果，他受不了诱惑，与一个叫黄蔓耘的有夫之妇私通，还被“逮”住了。

这黄蔓耘也是个票友，会唱青衣，唱得也不错。她迷上俞振飞之后，打听到俞振飞的喜好，每天把北京城里最有名、最好吃的猪肝给俞振飞备着。结果，见多识广对各种礼物都“免疫”的俞振飞，败给了猪肝。

黄蔓耘的丈夫姓陈，是一位富商，发现俞、黄私通之后，大发雷霆，声称要找俞振飞算账。很快这事被小报记者给报出去了，一时间在北京城里闹得沸沸扬扬。陈某落了面子，气急败坏，就找警察局把俞抓起来。好在俞的朋友多，托人

俞振飞与程砚秋

说和，一场风波就此平息。但是，程砚秋却很生气，认为俞振飞败坏了剧团的名声。黄蔓耘也被陈家休了。于是他们两人干脆结为夫妻，靠着黄从陈家带出的十万元钱，南下上海，重新过起了票友生活。

堂会

广西军阀陆荣廷

旧时京都官僚富豪或有钱人家举办喜庆宴会时，在私宅、饭庄、会馆或戏园请艺人为自家做专场演出，以此招待亲友，谓之堂会。通常名角遇到演堂会时，会索要较高的报酬，因为遇到喜事儿，本家是不惜出钱的。但如果演员与本家关系好，也有不要钱的。比如梅兰芳给画家王振声唱堂会时，就不要钱，只要一幅王振声的画。1917 年，桂系军阀陆荣廷进京，段祺瑞在金鱼胡同那家花园开堂会，点名谭鑫培出场。当时谭鑫培已经年届七十，精力不济，便婉言谢绝。可第二天警察局就来人对谭鑫培说:“你要是不唱，自己也得进去;你要是唱，明儿你孙子也可以放出来。”当时谭鑫培的孙子因事被拘留，所以谭鑫培只得抱病去唱。唱完后不到俩月谭鑫培就去世了，所以当时京城流传这样一句话:“欢迎陆荣廷，气死谭鑫培。”

『太子』的午餐

窝窝头

窝窝头过去是穷苦人的主粮，因底下留了个孔，故名之。关于窝窝头，老北京有不少有趣的故事。

窝窝头是用玉米面或杂和面儿制作，外形是上小下大中间空，呈圆锥状，本是过去北京穷苦人的主要食品。人们为了使它蒸起来容易熟，底下留了个孔（北京俗语叫窝窝儿），所以称之为窝窝头。

窝窝头是啥时候出现的呢？起源历史已经不可考了。但有一种说法是最早出现在明朝晚期。因为制作窝窝头的主要材料——玉米，是美洲人的主要食物，而且普遍认为是在哥伦布发现美洲大陆之后才传播到全球的。而哥伦布发现美洲是在 1492 年，那时候明朝已经建立一百多年了。

又过了几百年，在清朝中期的时候，玉米已经在中国的二十多个省区都有种植了。也不知道从什么时候起，这玉米面制作的窝窝头，成了北京穷苦人的主要食品。

清朝晚期，西太后慈禧满汉全席吃腻了，别出心裁，要“与民同乐”，吃窝窝头。这可把一群御厨给难住了，他们会做海参鲍鱼、熊掌驼峰，这窝窝头怎么做呢？况且真要把市井中穷人吃的窝窝头给老佛爷端上来，拉坏了老佛爷的嗓子，可是要掉脑袋的啊！这些御厨在一起研究半天，终于想出了主意，就是用由小米面、糜子面、玉米面、栗子面等混合而成，加桂花白糖。这样做出来的窝窝头呈金黄色，跟穷苦百姓吃的窝窝头看起来很像，但是味道却大相径庭，吃着又暄又甜，相当可口。就这样终于把老佛爷给糊弄过去了，而这小窝头也成了一道著名的宫廷点心。

但是今天要讲的这个“太子”吃的窝窝头，可不是御厨们精心制作的，而是穷苦百姓平常吃的那一种。自从康熙两度废掉胤礽的太子之位后，清朝就没有再立太子，而是实行了秘密立储制度。但是，后来有一人曾无限接近太子之位，姑且称之为“太子”吧。这人就是袁世凯的长子袁克定。

1913 年，这个世界发生了很多大事：宋教仁死了，袁世凯当上大总统了，孙中山要搞二次革命了……在这些大事中间，还夹杂着一件不起眼的小事——袁克定在老家项城骑马把腿摔瘸了。

当初溥仪继位后，袁世凯被解除官职，赶回项城老家养老。1911 年辛亥革命爆发后，清廷又不得不起用袁世凯，命他组织新内阁。而与袁世凯一起回到老家的袁克定却没有跟

袁世凯与各国大使合影

着去北京，而是留在老家。没承想，他在老家骑马，竟然把腿给摔断了，成了瘸子。

在北京当了大总统的袁世凯，依然记挂着袁克定。因为这袁克定从小跟在袁世凯身边，精明干练，是他的重要助手。而其他儿子，袁世凯都指望不上，比如次子袁克文是个风流才子、纨绔子弟，三子袁克良是个“土匪”，其余的儿子都还没有成年。因此，1913 年，袁世凯把袁克定送到了德国，

德皇威廉二世

一是为了治腿，二是为了让他长点见识。

袁克定到了德国之后，没能把腿治好，倒是因为自己身为大总统长子的身份而受到了礼遇，还被德国皇帝威廉二世接见。威廉二世想在远东扩张势力，就笼络袁世凯，对袁克定说：“中国现在搞的共和制，不适合中国国情。中国要想发达，必须向德国学习，非帝制不能发达。大公子回国后一定转告大总统，中国要恢复帝制的话，德国一定尽力襄助。”袁克定的野心就这样被激发起来了。

袁克定回国之后，就开始为自己的梦想发力了。他纠集了一批无良官僚，组织了筹安会，为袁世凯称帝摇旗呐喊。

袁克定怕袁世凯动摇，就想了一个阴招。他知道袁世凯每天都要看《顺天时报》，就每天伪造数份《顺天时报》，上面都是对袁世凯登基的称赞之声。后来袁静雪（袁世凯三女）把这件事儿告诉袁世凯，气得他拿马鞭子狠狠抽了袁克定一顿。

后来，袁世凯终于还是称帝了，但仅仅三个月就在一片骂声中下台了。又过了几个月，就病死了。因为袁世凯称帝时间太短，没顾得上立太子就下台了，所以袁克定也没能实现他的太子梦。在袁世凯死后，袁克定去天津住了一段时间，不久又搬回北京，先是在宝钞胡同居住，后来又迁到颐和园清华轩。

1936 年，日本在华搞华北自治，日本情报头目土肥原贤

二想笼络袁克定，请他加入华北伪政权，希望借助他的身份对北洋旧部施加影响。袁克定还颇有民族气节的，断然拒绝，还登报发表声明，表示自己因病不问世事，并拒见宾客。

早年间汪精卫因刺杀摄政王入狱后，袁克定曾多方奔走。汪精卫获释后，青云直上，也与袁克定的大力推荐有关系。因此两人结为金兰兄弟。但汪精卫当了汉奸之后，曾派人送了一大笔钱给袁克定，也被袁克定退回。

有一次曹汝霖劝袁克定把河南安阳袁世凯隐居时修建的洹上村花园卖给日本人，但袁克定坚决不同意。

袁克定这么有骨气，是不是因为袁世凯留给他大笔财产，

河南项城的袁世凯故居

所以才有资格“不食嗟来之食”？其实，袁世凯留下来的财产，经他大肆挥霍，投资失败，被人诈骗，已经消耗殆尽了。不但连清华轩的房租都交不起，而且连饭都吃不上了。他有一个老仆人，极为忠心，每天上街踅摸些烂白菜帮子、窝窝头，主仆就这样对付一天。

但即便是吃窝窝头，这位“太子”也煞有介事：正襟危坐，系着餐巾，手持刀叉，表情严肃。有一次他的表弟张伯驹来访，正遇到他系着餐巾用刀叉吃窝窝头，不胜唏嘘。张伯驹为此写诗一首：“池水昆明映碧虚，望洋空叹食无鱼。粗茶淡饭仪如旧，只少宫詹注起居。”

之后，袁克定就搬到张伯驹家里去居住了。

1951年，张伯驹向时任中央文史研究馆副馆长的章士钊推荐了袁克定，谋了一馆员职位。哪知道这人越老越倔强，在一次学习讨论会上，说起袁世凯，他竟称“先大总统”，引起一片哗然，也把馆员的职位给丢了。过了两三年，袁克定就在饥寒窘迫中去世了。

青帮老大袁克文

风华正茂的袁克文

袁克文反对父亲称帝，结果被大哥袁克定嫉恨，于是就躲到上海。到上海后的袁克文，拜青帮老大张善亭为师，列“大”字辈。这个“大”字辈在当时是青帮极长的辈分了。青帮从康熙年间创立起，辈分极其严格，到民国初年已经传了二十多辈，这些辈分是“清净道德，文成佛法，能仁智慧，本来自性，圆明兴礼，大通悟学”。当时在上海长于“大”字辈的人已经没有了，“大”字辈的人也屈指可数，黄金荣、张啸林，是“通”字辈，上海闻人杜月笙是“悟”字辈。在上海的时候，袁克文收了十六个徒弟，但大多是艺人，余叔岩就是他收的徒弟。

救命的煮饽饽

饺子

宋朝称饺子为“角子”，明朝把饺子叫“水点心”，清朝则依照满族习俗，把饺子称为“煮饽饽”。

李自成非常喜欢吃饺子，据说他造反的最大理由就是为了天天吃饺子。后来他终于打进了北京城，可以实现天天吃饺子的梦想了。传说李自成命里注定要当十八年皇帝，但他进北京城后，连吃了十八天饺子，吃饺子就是过年，吃一顿饺子就等于过了一年，这吃了十八顿就等于过了十八年，把命里的福分都耗完了，就没法再在北京城里待下去了。

这故事虽然是市井民间杜撰出来的，但也从侧面证明一点：北京人喜欢吃饺子。老北京人不光喜欢吃饺子，还特别喜欢吃一种味道比较奇怪的饺子——茴香馅饺子。因“茴香”和“回乡”同音，因此，过年的时候，多会包茴香馅饺子。

位于东四大街的合芳楼点心铺

除了北京之外，也只有河北和东北的一些地方吃这种馅儿的饺子。其他地方的人，大都受不了这个味儿了。

老北京旗人，称饺子为“煮饽饽”。所谓饽饽，是旗人对除面条外的所有面食的统称。由几种粗粮经碾磨加工，粉碎成“面状”，制成的食物就叫饽饽。

满族人是渔猎民族，长期在野外捕猎和征战，携带饽饽既省事又扛饿，于是居家时也常常吃饽饽。后来清军入主中原，也将这一习俗带入关内，就将除面条外的一切面食称之为饽饽。他们不仅把糕点称作“饽饽”，把水饺称为“煮饽饽”，还把烤烙的面墩叫“硬面饽饽”“墩饽饽”。因此汉民们把满族饽饽又叫“鞑子饽饽”。传说过去的京城老字号饽饽铺必须在门外悬挂用汉、满、蒙三种文字书写的牌匾，以示其正规。

在清朝，每年过年的时候，都要吃煮饽饽，一般要在年三十晚上子时（现晚上十一点到凌晨一点）以前包好，待到半夜子时吃，这时正是农历正月初一的伊始。清朝有关史料记载：“元旦子时，盛馔同离，如食扁食，名角子，取其更岁交子之义。”又说：“每年初一，无论贫富贵贱，皆以白面做饺食之，谓之煮饽饽，举国皆然，无不同也。富贵之家，暗以金银小锞藏之饽饽中，以卜顺利，家人食得者，则终岁大吉。”

普通百姓家吃煮饽饽，皇帝家也不例外。但是清朝皇帝

过年吃的煮饽饽却是素馅的。这是为什么呢？据说清太祖努尔哈赤觉得自己连年征战，杀人太多有损阴德，就立了个规矩，元旦祭天祭祖用素馅煮饽饽。从此之后，每年过年，清朝皇帝都得吃素馅煮饽饽。但这皇帝吃的素馅饺子，自然也是精心制作而成，馅儿是由马齿苋（知寿菜）、金针菜、木耳，辅以蘑菇、笋丝、面筋及豆腐干、鸡蛋等做成的。

不光如此，皇帝在除夕还只能独自吃煮饽饽。比如嘉庆四年的除夕夜，嘉庆帝是在乾清宫东侧的昭仁殿东小屋独自吃饺子的。当时一只碗里盛着六个素馅饺子，前面三个浅碗里盛着凉菜、酱醋等。饺子碗旁边还放着一个碗，放着乾隆通宝、嘉庆通宝两枚钱币。嘉庆吃完饺子，太监再用瓷碟盛一个饺子，放一块红姜，送到佛堂上敬佛。但到了第二天大年初一，就可以吃肉馅饺子了。清朝的十二个皇帝中，最爱吃饺子的恐怕得数光绪皇帝了。有一年除夕夜，光绪一顿吃了四十个饺子。那年光绪也就十几岁，正可谓是“半大小子，吃穷老子”。

老北京有句俗语：“送信的腊八粥，要命的关东糖，救命的煮饽饽。”这是什么意思呢？意思是旧时每年到了腊月，欠租、负债的人必须在这时清偿债务，过年像过关一样，所以称为年关。到了腊月初八，要账的、逼债的，可就全都要登门了。到了腊月二十三，关东糖祭祀灶王爷的时候，是逼债逼得最紧的时候。过了除夕晚上，吃完饺子以后，再见到债主就要说声恭喜发财，而债主也只能苦笑一声，说声同喜，不再要账。这才算是闯过一次年关。

每年到了年底，五行八作，三百六十行，几乎都要歇业，唯独有几种买卖生意反倒更红火了。一种是剃头挑子、澡堂子，一到年底反而要涨价。澡堂子平时价格是固定的，但是从腊月二十起，每天涨一大枚，直到年三十为止。因为到了年底，就算是一年到头不洗澡的人，也要洗一洗，去掉这一年的“秽气”。剃头也是这样，平时三五枚就可以剃头了，这时候得二十枚，涨好几倍。

另外一种年关红火的买卖是开当铺。老北京的当铺相当发达，这京城里朝廷高官多、富商多，生意就多，况且每三年还有近万举人来到京城参加会试，难免会有不顺手的时候，那就需要去当铺救急了。这老北京的当铺，不少是达官贵人开的，如光绪年间有名的守旧派代表人物刚毅，虽不算是贪官，也在京城开设了几家当铺。当铺平时是开门晚，关门早，可是到了年三十，却要通宵营业，专等过不起年的穷人来“跳火坑”。

在老北京，还有一种茶馆，叫避难馆。这些茶馆平时正常营业，一到了年三十，通宵不关门，生着炉火，挂着棉门帘抵挡着门外的寒气。那些欠了粮食钱、煤柴账，或者拖欠房租，无法偿还的，就来这里躲债，美其名曰“喝茶”。

崇文门外大街东晓市路南就有一间这样的茶馆，名叫德

民国时期一家当铺的招牌

胜馆。每年的年三十晚上，这里坐着满满的人。这些人一个个愁眉苦脸，长吁短叹，默默无言。或者是伏案大睡，或者是眼盯着挂钟，就等着鞭炮声响起。只有等吃上了煮饽饽，这一年才算过去了，也就不用再去当铺，把家底都给当光了。

老北京茶馆种类

老北京的茶馆

老北京的茶馆大致可以分为六种，分别是：大茶馆、清茶馆、二荤铺、书茶馆、棋茶馆和野茶馆。大茶馆顾名思义，场地要大。清茶馆只卖茶水，不备饭食。茶馆前挂着木板招牌，上刻“毛尖”“雨前”“雀舌”“大方”等茶叶名称。二荤铺是既卖清茶又卖酒饭的铺子。书茶馆，则是上午卖清茶，下午和晚上请艺人临场说评书，行话为“白天”“灯晚儿”。棋茶馆设备简陋，有圆木方木数根，埋在地下，或者干脆用砖垛代替，上面铺上木板，画上棋盘，茶客们在此饮茶对弈。野茶馆设在郊外，一般就是几间土房，四边围上竹篱笆，顶子用苇箔一盖，内中是土坯垒起的茶桌，边上摆上四五张木方凳，多是脚夫、车夫打尖的地方。

卖馒头的二百五

蒸锅铺

在王府井北口这里，有一家生意很火的蒸锅铺。这家铺子的地理位置尤其好，北面是八面槽大街，西边是东华门大街，东边是金鱼胡同。

北京人有吃春饼的习俗。其实北方大多数地方都吃春饼，但唯独北京的春饼不是烙的，而是蒸的。

老北京的习俗，男人不挑水劈柴，女人不洗衣做饭，都是买现成的。尤其是旗人大爷们，男人们一大早就出去到茶馆消磨时间去了。女人们在家也不操持家务，有些女人可以一整天不下炕。夏仁虎在《旧京琐记》中写道："《顺天府志》谓:民家开窗面街，炕在窗下。市食物者以时过，则自窗递入。人家妇女，非特不操中馈，亦往往终日不下炕。今过城中曲巷，此制犹有存者，熟食之叫卖亦如故。"

因此，老北京人吃春饼，自然也是要花钱去买的。上哪

老北京的蒸锅铺

买去？蒸锅铺。

老北京的蒸锅铺，遍布大街小巷，是市井百姓最常打交道的一种铺子。既然名字叫蒸锅铺，自然是以蒸食为主，几乎所有的蒸食，这里都有卖。除馒头外，每天早上还要蒸豆沙三角、豆沙包、糖三角、开花馒头、混糖馒头，还有椒盐卷子，既自卖，也供应小贩沿街叫卖。

蒸锅铺除了蒸食之外，也有烙饼、芝麻酱饼、葱花饼等。除自蒸自卖之外，他们还代蒸代烙，客人自己拌好馅儿，或者自备麻酱、红糖、葱花，可以让店铺代蒸代烙。

蒸春饼，更是蒸锅铺的绝活儿。春饼的面粉以斤为单位，每两张合在一起叫一合。照春饼的大小，一斤面粉可以蒸八合、十合、十二合三种。卷烤鸭的春饼，是最小的春饼，比十二合的还小。

平常人家吃春饼，炒个合菜，摊一盘鸡蛋就可以了。合菜就是拿豆芽、细粉条、韭菜、炸豆腐一炒，然后卷到春饼里。讲究人家吃春饼，那非得要盒子菜。盒子菜里有熏大肚、松仁小肚、炉肉、清酱肉、熏肘子、酱肘子、酱口条、熏鸡、酱鸭等，一只盒子里最少是七种，最多有十五种。当然，价格也不一样。

在王府井北口这里，就有一家蒸锅铺。这家铺子的地理位置尤其好，北面是八面槽大街，西边是东华门大街，东边是金鱼胡同，都是繁华地界。而且这家蒸锅铺已经经营了好

晚清时期的王府井

几代，也打出了名声，蒸烙的手艺也炉火纯青了，附近不论是大户人家，还是贫寒百姓，都来照顾他家的生意。他家的肉丁馒头，尤其讲究，褶子的纹路细而且密，连上面的红点，也跟别家不一样。

这家蒸锅铺的老板，也一心一意想把生意做好做大，好给子孙多留点儿家当。就是人有点轴，不懂得变通。

话说这北京城，没多少年工夫，就彻底变了样，宫里没有皇帝了，袁世凯当大总统了，洋大人横行霸道了，可谓是“日新月异”。但这蒸锅铺的老板却处变不惊，他告诫自己的儿子：“原来的皇上吃馒头，现在的总统吃馒头，即便是洋人也是要吃馒头的。不管这世道怎么变，咱卖咱的馒头，总错

不了。”

他不愿意变，但世道却不跟着他的节奏走。这不，有人找上门来了，想要让他变一下。原来，有人把附近这一片地买下来了，想要建一座七层的银行大楼，就找蒸锅铺的老板，想要把他家的铺子也买下来。买他家的铺子，不等于是要他的命吗？这老板死活不愿意，说：“他想建七层大楼，我发了财还想建二十一层大楼呢！”银行为了这块地皮，也是愿意下血本，不断加价，一直加到二万五千元。谁知道这老板更气恼了，这不是骂他是二百五吗，干脆就再也不愿意谈了。

有街坊就过来劝他：“你还真是个‘二百五’。你这铺子，

民国时期的王府井大街

总共也值不了二百五十块钱，能卖二万五千块，这不是财神爷照顾你吗？有了这些钱，你要是还想开蒸锅铺，能开多少家呢？”

老板一听是这个理，也就顾不上轴了，赶紧托人去说合，说二万五千元愿意卖了。哪知道这银行的老板，是出国留学回来的，学问学了不少，但也学了一肚子的不合时宜，也是一个特别轴的人。他就这么回复蒸锅铺老板：“感谢成全的美意，但图纸已经设计出来了，不能更改了。”

没过多久，银行果然建起来了，只是在一楼的拐角这里，把蒸锅铺给让出来，把铺子其他三面都给包进去了，二楼压到它的顶上。蒸锅铺老板越看越堵心，一怒之下，就关门停业了。

这七层大楼刚建起来，“市府”就发函来了，说这是“违章建筑”，要求削去两层。当时的北京市市长叫袁良，是“蒋委员长”的嫡系兼老乡，上任之后，就烧起了三把火，成立了“旧都文物整理委员会”，要整理北京市的宫阙、殿宇、苑囿、坛庙等建筑，把北京建成东方的“旅游城市”。但实际上是借机捞点外快。要不为啥这银行楼开建之前不说话，等建好之后才故意刁难？七层大楼削去两层，可不是一件简单的事情。

谁知这银行老板也犯了轴劲儿，本来去送点钱，也就没事了，可他偏不，就按照“市府”的发函，硬生生削去两层。

东交民巷

到了 1937 年，七七事变爆发了，这栋银行大楼因为位置关键，于是二十九军把机枪大炮架在这栋大楼楼顶，成了控制东交民巷使馆区的制高点。二十九军的一位团副上了楼顶，感慨地说："袁良这事办的可真缺德，这楼要还是七层的话，整个东交民巷都在眼皮子底下，大炮直接就能打到日本军营。"有两个日本骑兵从东交民巷使馆区北口刚刚冲出来，机枪就一梭子扫过去，军马倒下了，日本兵吓得连爬带滚逃回去。无奈二十九军军长宋哲元只想保住自己的地盘和人马，仍对日军心存幻想，说"能平即能和"，想和日本人谈判，不想让中央军渔翁得利。但是宋哲元没想到日本人的谈判只是为了麻痹他，以争取时间调兵遣将。

1937年7月28日凌晨，日本人先发制人，率先对二十九军发动攻击，南苑、北苑、西苑、通县（今北京市通州区）等地均发生激战，副军长佟麟阁、师长赵登禹阵亡。于是第二天二十九军就撤出了北京城，这栋银行大楼也没能为抵抗日军多做贡献。

老北京的外卖——盒子菜

在民国时期，北京的盒子菜风行一时。所谓盒子，即指食盒，为长形抬盒，多为木制。那时，不光一些大酒楼可以订外卖，还有一种盒子铺，以外卖为主。这些盒子铺，主要销售熟肉制品，且品质极好，多是山东人经营。酱肘子制作技艺纳入国家级非物质文化遗产保护名录的天福号，原本也是一家盒子铺。便宜坊除了烤鸭外，盒子菜也很有名。晋宝斋是北京最古老的酱肘子铺，据说在元朝时期就已经开业了。民国时候的东家叫伊克楞克，蒙古人。晋宝斋的盒子，漆盒尺寸比一般的盒子大，而且高，式样典雅，菜格九份，画的都是边塞风光、无垠大漠等。晋宝斋在烟袋胡同，离张之洞在白米斜街的住宅很近，故张之洞常让晋宝斋送个盒子菜来吃春饼。

古代食盒

会仙居风云

炒肝

1862年开业的会仙居与1933年开业的天兴居，都坐落在前门外的鲜鱼口，两家在1956年进行了合并，用的是天兴园的店址，这就成了现在的天兴居炒肝店。

老北京经典的早餐搭配之一就是炒肝加包子。尤其是在北风呼啸的秋冬季节，叫上一碗刚出锅的炒肝，颜色是诱人的酱红色，肝尖滑嫩、肥肠鲜美，芡汁浓郁，再配上两个热气腾腾的包子，吃下去能从胃里一直暖到心里，就这么在意犹未尽中元气满满地开始一天的忙碌。

说起来，北京的小吃最名不副实的两样，一个是“驴打滚”，另一个就是今天的主角——炒肝。提起炒肝，不熟悉老北京小吃的人可能会想当然地理解为是一种以动物肝脏为主的食物。实际上，炒肝的主要食材是肠，肝只做配角而已，而且整个制作过程也不是炒，而是煮。说好的炒肝变“煮肠”，虽然有些令人意外，但也不必太过失望，因为老北京人形容炒肝“稠浓汁里煮肥肠”“一声过市炒肝香”，想来，这炒肝的味道还是很美的。

关于炒肝的由来有好些不同版本，其中流传最广、认可度最高的是说由刘氏兄弟经营的会仙居所发明。1862 年，前门外鲜鱼口胡同路南有一家鞋铺因店主经营不善入不敷出，便腾出一间铺面房来租给了一位叫刘永奎的人。刘永奎租下店面后开了个小饭馆，卖些白酒、黄酒和小菜。由于店小利薄，刘永奎为了增加收入便去附近酒楼收集一些剩饭剩菜加工一番后出售，并起名叫“折箩”。这种饭便宜又实惠，附近不少穷苦人家经常买来“开开荤”。

有一次一个老头子来到刘永奎的小店，要了两碗“折箩”，吃完后放下碗却说没有钱付账。刘老板是个善心人，见这老头岁数不小，穿的也是破衣烂衫，便爽快地说：“您老人家吃饱就好，没钱也不碍事。”老人听完也不言语，就那么大摇大摆地走了。当天夜里，刘永奎发现一件怪事，厨房锅里的“折箩”越来越多，简直取之不尽，用之不竭。就这样，刘永奎靠两碗“折箩”发了家。出于对老头的感激，刘永奎把小店起名为“会仙居”，寓意这老头是天上下来助他发财的神仙。

天兴居就是原来的会仙居

刘永奎发财后变得好逸恶劳，还染上了吸大烟的恶习，店里的生意就请他妻弟刘喜贵来打理。到同治末年，刘永奎夫妻相继去世，刘喜贵正式接手了会仙居。

刘喜贵没有做菜的手艺，仔细思量后，就将膝下三个儿子中的老大和老二全都送到饭馆去当学徒。到1894年，老大、老二都学徒期满出师，小儿子也已成年，哥儿仨就回到会仙居帮刘喜贵打理生意。从此，会仙居的菜单变得丰富，除了日常吃食，还添上自制的特色酱肉和火烧。不过这时候的会仙居仍然是个不起眼的小酒馆。

1900年，刘喜贵去世，会仙居交给他的三个儿子经营，这兄弟仨可谓是“三人同心，其利断金”。他们既齐心，又活泛。当时会仙居的隔壁是一家经营白水汤羊铺的小店，生意很好，刘家三兄弟受到启发，仿效白水汤羊的制法，试着用猪下水洗净切好后，用白水汤煮，起名“白水杂碎”。但这“白水杂碎”因为制作工艺简单，调料也不丰富，时间一长就不受顾客待见，尤其是其中的心和肺，常常被扔得桌上地下到处都是。刘家三兄弟为此大伤脑筋。

事情的转机出现在一个叫杨曼青的人身上。杨曼青当时在一家报社任职，他对北京的风土人情很感兴趣，对老北京风味的小吃也很钟情，常常光顾会仙居，就这么一来二去和刘家三兄弟熟络起来。

一次，杨曼青在聊天中得知三兄弟准备改良“白水杂碎”

的配方，于是便出主意，把顾客不爱吃的心、肺都去掉，把名字改成“炒肝”，并且还给出了详细的制作方法：猪肠味道重，先用碱、盐浸泡后揉搓，再用清水加醋洗净，去掉腥臭味。上锅大火煮开后用温火炖，锅上要盖木锅盖，这样能保持肥肠的风味。肠子煮熟后，切成“顶针”段。由于猪肝成本较高，用量太多会提升成本，所以选用上乘的肝尖儿，洗净后切成柳叶状，仅做点缀用。佐料呢，就用食油熬热，加上大料，大料炸透后，放入生蒜，待蒜变黄时，立即放入适量的黄酱，炒好后备用。另外，熬出上好的口蘑汤。待这些料都准备好后，将切好的熟肠段放入烧开的滚水中，再放入炒好的蒜酱、葱花、姜末和口蘑汤，将切好的生肝再放入汤中，立即勾芡，最后撒上一些砸好的蒜泥。这样，一碗炒肝就做好了。另外，这炒肝在吃的时候有点儿与众不同，传统的吃法是既不用勺也不用筷，而是一手托着碗底，转着圈吸溜。

“吃货”的创意是无穷的，爱吃的人大多都会吃。在杨曼青的指点下，会仙居的炒肝一经推出就受到了老百姓的追捧。由于物美价廉，并且从早到晚一直供应，老北京还有了这么一句歇后语：“会仙居的炒肝——没早没晚。”

随着刘家三兄弟对配方和工艺的不断改进，炒肝渐渐成了会仙居的招牌，有的顾客甚至一碗不够，连吃两三碗。加上杨曼青在报纸上发表了一篇文章，介绍会仙居炒肝，介绍

了猪肠、猪肝的营养价值，对人身体的好处等。这样一来，会仙居更加门庭若市，几年时间，门店从一间平房发展到两层楼房，还挂上金字大匾。

1933 年，会仙居的斜对面有一家叫作天兴居的店铺开张了，这家店的招牌菜也是炒肝。此时的会仙居虽然早已不是当年那个简陋的小吃店，但也感受到了巨大的压力。因此，刘家三兄弟在制作炒肝时更加用心，用实力保住了自己的“炒肝界扛把子”的地位。

刘家三兄弟去世后，会仙居也迎来了刘家第三代掌门人——刘宗法、刘宗元、刘宗仁、刘宗玉、刘宗秀兄弟五人。不过这兄弟五人接手会仙居后，由于把关不严导致生意每况愈下，到最后连猪肠子也不好好清洗，做出的炒肝有一股腥臭味。

这边会仙居的衰退给了天兴居上位的机会，他们加倍提高炒肝的制作水准，服务也更加热情周到，还开设雅座，请了专业的堂倌。这么一比高下立判，原来会仙居的熟客全都跑到天兴居去了。到 1952 年，会仙居以出租形式让给康克文、年福祥、司永泉三人经营。这三人接手后重整旗鼓，老会仙居的名气又渐渐恢复了一些，几年后甚至达到了与天兴居互相争雄的局面。1956 年公私合营，天兴居与会仙居合并，用天兴居字号，牌匾为“公私合营会仙居、天兴居饭馆”。1958 年开始，不再保留会仙居的名号，牌匾上只留下了“天兴居”的字号。

老北京的“黑话”

清朝末年北京的两位厨师

在老北京有专门操办红白喜事的“大棚厨子”，形成了地域性的组织和一些特殊的帮规行话，如油称“漫”，香油即香漫；糖称“勤”，红糖即红勤；酱油称“沫子”，黑酱油即“黑沫子”；盐称“海潮子”；即便是数字如一二三四五六七八九，也用“日、月、南、苏、中、隆、星、华、弯”来代替，如要买三十五条鱼，就说成“混水字南中着”。厨师进了大棚，眼观六路，耳听八方，随时用行话与伙伴传递信息，如说一句“漫大联儿浪荡着点儿”，就是“炒这个菜油加大着点儿”，说一句“漫大联沫着点儿”，就是要“这个菜油小着点儿”；如说“这个人可娄”，意思是对这人要小心点儿。据说这是为避开主人的忌讳。除了大棚厨子，几乎所有的行当都有自己的行话，也就是“黑话”。

同是天涯沦落人

奎二豆汁儿

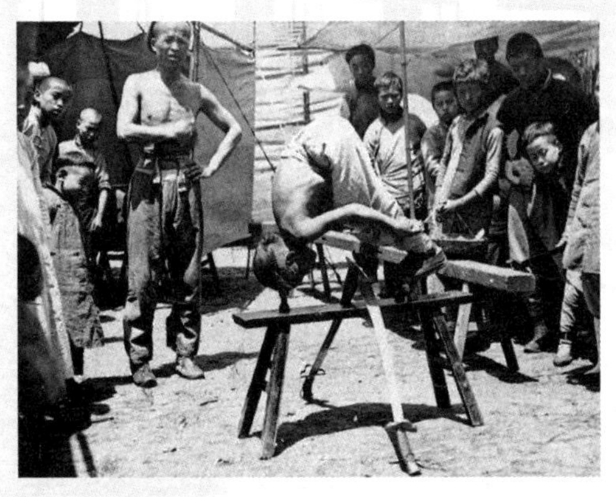

老北京卖豆汁儿的，有挑担子下街的，有赶庙会摆摊子的，只有天桥云里飞京腔大戏旁边奎二的豆汁儿摊，是一年三百六十五天都在固定地头营业的。

1735年十月有一道发交内务府的谕帖很有意思，其内容是："近日京师新兴豆汁一物，已派伊立布（乾隆朝之大臣）检察，是否清洁可饮。如无不洁之物，着蕴布招募制造豆汁儿匠二三名，派在御膳房当差。"

这很有可能是喜欢微服私访的乾隆皇帝，在街上看见有人竟然喝一种奇怪的饮品：颜色灰绿，让人反胃；味道浓郁，泔水味儿扑鼻。

乾隆一时兴起，也要了一碗。先尝了一口，难以下咽，扭头看别人喝得有滋有味，于是就又喝了一口，嗯，还有点可口。于是就把一碗都喝完。

回宫之后，乾隆就下了这道谕旨。

就这样，豆汁儿就进了宫，而且乾隆还喝上瘾了，不光自己喝，还召集群臣一起品尝这民间饮品。不知道这乾隆到底是出于什么心态，也许是因为自己第一次喝豆汁儿时出了丑，也想看看群臣的反应，找找心理平衡，或者就是想把好东西跟大伙分享。结果，众大臣喝完齐声叫好。也不想想，皇上赏赐的东西，有人敢说不好喝吗？虽然闻着像泔水，但即便面前的真是一碗泔水，也得闭着眼睛喝下去，还要吧唧嘴回味，好像喝的是什么山珍海味一样。还有大臣总结出了其中的妙处：酸中带甜，其味醇醉，越喝越想喝。这种高难度的拍马屁，很有可能就是和珅干的事儿。

从此，这灰绿难看、酸臭难闻的豆汁儿，就流传得更广了，风靡了整个北京城，持续两百多年。就连皇上每年都要去避暑的承德，也开始流行这玩意儿。

这喝豆汁儿的主顾不分贵贱，就是穿戴体面者，去路边小摊要一碗豆汁儿，也不会觉得丢份。清末的笔记《燕都小食品杂咏》中对这个现象也有记载："糟粕居然可作粥，老浆风味论稀稠。无分男女齐来坐，适口酸盐各一瓯。"这首诗里有些地方夸张了，豆汁儿其实不是"糟粕"，虽然也确实是用制造绿豆淀粉或粉丝的下脚料做成的。做淀粉或者粉丝的时候，水发绿豆加水研磨后，通过酸浆法令悬浊液的黏度适度增加，使颗粒细小的淀粉浮在上层，捞出来就可以做粉丝

老北京的一家食摊

或者淀粉了，捞完淀粉剩下的液体，经过发酵就成了豆汁儿。

这豆汁儿应该是某粉房做绿豆粉时无意间发明的，也许正值一年当中最热的时候，磨出来的半成品豆汁儿当天没用完，第二天就已经发酵了，好奇心重的人拿了一点儿来尝尝，觉得香甜可口，煮沸以后再喝，更加味美，于是便专门做起豆汁儿来出售。

老北京人喝豆汁儿，必须配切得极细的酱菜，拌上辣椒油，还要配套吃炸得焦黄酥透的焦圈，风味独到。这焦圈与豆汁儿命运正好相反，是从清宫御膳房传出来的食品，与酱菜一起，三样占了五味中酸、辣、甜、咸四味。

老北京卖豆汁儿的，有挑担子下街的，有赶庙会摆摊子的，只有天桥云里飞京腔大戏旁边奎二的豆汁儿摊儿，是一年三百六十五天都在固定地头营业的。

云里飞原名庆有轩，旗人，自幼学戏，初学武把子，后学"开口跳"（武丑），十岁就登台唱戏，曾扮演过《三岔口》中的刘利华、《连环套》中的朱光祖等擅长武艺而性格机警、语言幽默的人物，成为当时的名角儿。他的跟头翻得又高又快，能在空中翻转一圈才落地，这个动作在京剧舞台上被称为"云里翻"。

1900 年，八国联军攻破北京城，慈禧太后带着光绪皇帝仓皇逃往西安。这慈禧在逃命的时刻，竟然还想着娱乐消遣，命令一批艺人一块儿到西安去。其中就有云里飞。

天桥的艺人

1908年11月，光绪皇帝和慈禧太后相继去世后，按照规定，“国丧”期间，不许婚嫁，不许唱戏。不唱戏云里飞就得饿肚子，没辙，他就到天桥去撂地卖艺。在卖艺的时候，因为自己最拿手的招牌动作是“云里翻”，遂自称是“云里飞”。

在天桥卖艺之后，由于他功底扎实，能翻能打，很快就引起轰动。云里飞除了在天桥表演外，还经常到白塔寺、护国寺、隆福寺、土地庙、花市火神庙等大庙会演出。他并不全靠说唱赚钱，也招徕顾客买他的药糖。

他表演时既没有戏装、盔头，也没有化装，而是用一顶

纸烟盒糊的帽子和一件大褂当演出服。表演时他一人能同时扮几个角色，连说带唱，语言幽默诙谐，观众十分爱看。

云里飞表演的时候，时常拿隔壁摆摊的奎二说事儿。他说奎二摊子有三绝：第一，各位主顾只要往这里一坐，就能享受皇上的待遇。那时候北京已经有沙尘暴了，遇到风暴天气，黄土飞扬，飞到豆汁儿碗里，等于撒了一把香灰。奎二每天摆摊儿第一件事儿，就是先用细黄土把摊子周围填平踩踏实，随时准备着喷壶洒水。这不就是皇上出行才有的待遇：黄土垫道、净水泼街吗？第二，奎二的辣咸菜那是一绝。都说西鼎和酱菜切得细，跟奎二的咸菜丝儿比起来，火候还是差多了。第三，奎二的豆汁儿不管买卖多火，够卖不够卖，

晚清时期的小吃摊

绝不掺水。

奎二也是旗人。这时候的旗人多生活困顿，曾经的“铁杆庄稼老米树”已经不牢靠了，旗人地位一落千丈。老舍的《正红旗下》有这样一段文字，把旗人地位的下降描写得绘声绘色：

在太平天国、英法联军、甲午海战等等风波之后，不但高鼻子的洋人越来越狂妄，看不起皇帝和旗兵，连油盐店的山东人和钱铺的山西人也对旗籍主顾们越来越不客气了，他们竟敢瞪着包子大的眼睛挖苦、笑骂吃了东西不还钱的旗人，而且威胁从此不再记账，连块冻豆腐都要现钱交易。

两百多年的寄生生活，让旗人几乎丧失了生存能力。但“天无绝人之路”，总有人能想到活下去的办法。这不，原本的“旗人老爷”，如今也都在干这种“下九流”的买卖。

同为旗人，同样吃过“老米饭”，同在天桥摆摊为生，自然会产生“同是天涯沦落人”的感触。因此，两人成了莫逆之交，云里飞才会如此卖力给奎二打广告。

《豆汁记》

喝豆汁儿的小孩

京剧有一个剧目叫《豆汁记》，又叫《金玉奴》，是荀派代表剧目。讲述的是一位落魄到连乞丐都不如的穷书生饿倒在一个杆头（叫花子头目）的门外，被杆头的女儿金玉奴用豆汁儿救活一命，为报救命之恩，书生“以身相许”，考中功名后却谋害糟糠之妻的故事。这个剧目，改编于冯梦龙的短篇小说《金玉奴棒打薄情郎》。冯梦龙原著的结局是金玉奴与谋害自己的丈夫重归于好，而荀慧生在将其改编成《豆汁记》时，结局改为金玉奴将丈夫打死，然后回乡过起了自食其力的日子。另一个改编比较大的地方是让喝豆汁儿成为剧中一个很重要的桥段，这或许与荀慧生爱喝豆汁儿有关。琉璃厂的豆汁张是民国时期北京城豆汁儿四大家之一，据豆汁张回忆，荀慧生每天都要去他家买豆汁儿喝。

靠脸吃饭的小贩

俊王烧饼

1912 年，王国瑞在菜市口路南的夹道里置办起“德顺斋”。那时候的北京，提起俊王“德顺斋”的烧饼、焦圈，简直是无人不晓。

据说，烧饼这种东西是班超从西域带回来的。《续汉书》有记载:“灵帝好胡饼。”这个灵帝就是《三国演义》里的那个昏庸皇帝，他重用宦官，发起第二次党锢之祸；耽于享乐，修建了西园；卖官鬻爵，专门开办了一个官吏交易所，明码标价，公开卖官。这种行径导致民不聊生，于是就有了黄巾起义，为大汉朝的灭亡助推了一把，堪称中国历史上最大的败家子之一。然而这样一个皇帝，却对烧饼情有独钟，为推广烧饼做了很大贡献。

到了唐朝时期，烧饼已经很流行了。安史之乱的时候，

老北京的早点摊

唐玄宗和杨贵妃一起逃到咸阳集贤宫，饿得受不了了，就派杨国忠去买烧饼来充饥。诗人白居易也喜欢吃烧饼，长安做烧饼出名的是辅兴坊，白居易是他家的忠实拥趸。有次他去了咸阳，也去吃烧饼，心中不禁想与辅兴坊比较一下，便请友人杨万州品鉴，赋诗一首称："胡麻饼样学京都，面脆油香新出炉。寄与饥馋杨大使，尝香得似辅兴无。"

烧饼虽全国各地都有，但老北京的烧饼种类多，而且各有特色，如马蹄烧饼、驴蹄烧饼、芝麻酱烧饼、吊炉烧饼、蝴蝶卷子、螺丝转儿、火烧、糖火烧、蛤蟆吞蜜等十来种。

老北京的马蹄烧饼

马蹄烧饼，外焦中空，趁热可以掰开夹肉，或是夹焦圈，面上有少许白芝麻，软而不酥，润而不油，吃到嘴里，油香扑喉。

此外还有驴蹄烧饼，沾的芝麻比马蹄烧饼略多，刷上一层糖浆，比较厚实，不能夹东西吃，但就着酱菜吃，倒也别有风味。

不过老北京烧饼铺有一个很奇怪的规矩，就是驴蹄烧饼跟马蹄烧饼不同时出炉，驴蹄烧饼一律下午出炉，不知道这是为什么。

清朝诗人杨曼青在其作品《天桥杂咏》曾这样描述京城烧饼:“干酥烧饼味咸甘，形有圆方储满篮。薄脆生香堪细嚼，清新食品说宣南。”

诗中说的“宣南”是在哪里呢？就是指宣武门以南这一片地方，包括大栅栏、天桥、琉璃厂、菜市口、八大胡同等区域。这里一直是老北京城最著名的商业街区之一，早在明朝时这里就已形成规模。到了清朝，随着作坊、茶楼、戏院的开设，这里变得更加繁荣，还被朝廷设定为专门的商业街。1900 年之后，随着京奉铁路、京汉铁路相继开通，并在前门设立东、西两个火车站，交通更为便捷，丰富物产能够很快运进来，再加上西洋国的各种新奇玩意也出现在这里，使得这片地方红极一时。

北京城里，宣南的烧饼最有名，那宣南的烧饼又是哪家

最有名呢？当数在宣武门外菜市口的俊王烧饼摊。这俊王又是哪路神仙？百家姓里也没有姓俊的啊！原来，这烧饼摊主本姓王，叫王国瑞，只因为人长得高大魁梧，白白净净，英俊潇洒，满城的人啧啧称奇，送他雅号“俊王”。

在古代中国，大姑娘小媳妇去欣赏美男子，不是一件稀奇的事情，甚至男人自己也以貌美为荣。比如说战国时齐人邹忌是齐国的宰相，《战国策·齐策一》说他“形貌昳丽”。而他身为宰相，竟然也早晚照镜子，还问妻、妾、客人自己美不美。听说城里有一个徐公很美，心里还很不服气，特意去比较了一番。这件事作为佳话被一直传颂。

老北京的烧饼

老北京的经典早餐，豆汁与焦圈

晋朝的潘安，可以说是历史上名气最大的美男。据说他住在洛阳城里，每次出去游玩，大姑娘小媳妇都纷纷结伴到城墙上去看他，只为一睹他的容貌。还有很多女性向他投掷水果，以表达自己的爱慕之情。这种行为，性质上跟如今男人对女人“吹口哨”没有什么区别。据说潘安每次出门回来，水果都要用车来载，因此就有了“掷果盈车”这一成语。这件事也是被传为佳话。

可见爱美之心，男女都是一样的。在男女风气更为开放的“上古时代”“中古时代”，这种事情屡见不鲜。宋朝之后，理学兴起，男女之间表达爱慕的方式不再这么直接了，但父母为女儿找夫婿，相貌依旧是很重要的标准。宋哲宗时期，大长公主到适婚年龄后，就是找不到合适的夫婿，宋哲宗问她想找个什么样的夫婿，她说，就照“人样子”狄咏这样的找。狄咏是名将狄青的次子，“颇美丰姿”，被汴梁人称为“人样子”。可见，礼教也剥夺不了女性的爱美之心。

北京城虽然是首善之区，受礼教影响甚深，但这爱美之心乃是人性，古今男女皆不能免俗，俊王往这里一戳，街上女人的目光就全冲这里来了，胆大的虎视眈眈，胆小的斜眼偷瞄，一个个春心萌动。买烧饼去哪里不是买，为什么不到一个看着顺眼的人那里去买呢！

况且，俊王的烧饼也确实不一般，选料、烘烤都十分讲

老北京的食摊

究。烤出来的烧饼色泽艳丽，好似熟螃蟹盖。饼心有二十来层，层多味香，吃到嘴里，表皮酥脆有香气，内里筋道不黏口。通常烧饼铺都有焦圈卖，他家的焦圈更是京城一绝，炸出来的焦圈颜色焦黄，形状、大小与手镯一样，松香酥脆，搁放七天不疲不软，掉地上就成粉碎状。

孔子曰："饮食男女，人之大欲存焉。"孟子曰："食色，性也。"也就是说，孔孟都认为食和色是可以并列的根本人性。在当时，去一趟俊王烧饼摊，可以同时满足这两方面的需求，不是一件很划算的事情吗？因此，俊王的烧饼摊生意实在是太好了。好到什么程度呢？可以从他发展壮大的速度来猜测。

在以前，社会经济结构非常稳固，资金积累非常缓慢，一家小摊贩要想发展壮大，没有几代人是攒不够的，比如说在京城摆摊卖烤肉的"烤肉宛"，三代人辛苦近百年才勉强把铺面建起来。而俊王是在光绪年间开始卖烧饼的，到了1912年，已经攒够钱可以在菜市口路南的夹道里置办起第一家铺面"德顺斋"。假设他二十岁开始卖烧饼，满打满算用了三十年时间。比起烤肉宛，实在是要快太多了。

俊王靠着自己的脸蛋和手艺，把"德顺斋"的招牌打响了。等到第二、第三代传人的时候，陆续在鲜鱼口一带的梯子胡同、留学路、大沟沿等地，开设了好几家铺面，成为京城的著名饭馆。

吊炉烧饼

吊炉

在老北京，烤马蹄烧饼、驴蹄烧饼的工具大多是吊炉。这吊炉由炭火灶、饼铛、吊炉三部分组成。泥灶由四排单砖支撑，饼铛镶进灶膛里，房顶上悬一根铁链拴着俗称老虎头的吊炉。老虎头有六十多斤重，铁制，底面是平的，与饼铛等大，上面像一个倒扣着的圆铁锅，隆起，外面糊一层两寸厚的黏性较强的红泥，留个灶膛口。烤烧饼时，将烧饼放入饼铛内，下面有灶膛炭火，上面则在老虎头内烧柴火，这样上下一起烤炙，出炉会非常快。因为这样的工具太重，操作不方便，现在已经消失不见。

食材有灵

肉脯徐烂肉面

朝阳门外日坛斜对过的“肉脯徐”，是老北京最有名的二荤铺。所谓二荤，是指店家自备的菜是一荤，食客带来材料由店家加工而成的“炒来菜”又算一荤。二荤铺是平民果腹之地，按照现在的说法，其实就是小饭馆、快餐店。

紫禁城还不叫故宫、里面坐着的皇帝说话还管用的时候，朝阳门关厢就是北京城最繁华的地方之一。

一来东岳庙在朝阳门关厢。东岳庙是元朝时期龙虎山张天师主持修建并传下来的，明清两朝都有重修，是正一道在中国华北地区的第一大丛林，规模宏大，气势壮观，装饰精微，构思巧妙，最主要的是香火旺盛，游人如织。

二来这里是从通州码头进京的交通要道。通州码头在朝阳门正东四十里，南方人进京，都要途经此门，往来客商川流不息，一片车水马龙之象。最要紧的是，这里还是大运河运送粮米进京的漕运要道。经大运河运达北京城的南方粮米，在东便门或通州装车，通过朝阳门进城，储存在朝阳门内的各大粮仓中。那时候的北京城，满城百姓的口粮基本来源于

朝阳门外的东岳庙牌坊

此。每年往北京城运粮不知凡几，运粮的船夫、马夫都聚集在这里。

因此，这里的市面尤其热闹，各种大饭馆林立。瑞生堂、荣盛轩、芳草园、隆和园等，都算是北京城里数得着的大馆子。

偏偏有家小小的二荤铺，风头盖过这些大馆子。

所谓二荤，是指店家自备的菜是一荤，食客带来材料由店家加工而成的“炒来菜”又算一荤。二荤铺是平民果腹之地，按照现在的说法，其实就是小饭馆、快餐店、苍蝇馆子。小馆子盖过大馆子，实属奇事。

清朝乾隆年间江萱所画的《潞河督运图》(局部)

这家二荤铺，在日坛斜对过，偏西路北，只有小小的一间门脸儿。售卖的也不是山珍海味，专营穷人解馋的“烂肉面”，附带肉丁馒首（即包子的一种），炒来菜。价格也不昂贵，仅仅八十文一碗。

这烂肉面，并不算什么稀奇食物，在北京城的“二荤铺”和饭摊儿、茶馆里都有卖，做法与打卤面类似，不过卤汁比较稀薄，上面再覆一层碎肉脯。烂肉不仅有猪肉，还有牛羊肉、驴肉、狗肉等，烂肉其实就是不成块儿的肉，下脚料的俗称。

但就是这食材简单、做法简单的烂肉面，竟让偌大北京

清朝末年的厨师

城的老少爷们儿放不下，每日门前车水马龙，不仅吸引了北京城里的穷人偶尔来开开荤，就连达官贵人也流连忘返。离京外放的那些大老爷们，不论是高升还是贬斥，总要把在北京城的最后一顿饭放到这里；辛苦钻营终于返京了，不着急去见老佛爷，先在这里解解馋。还有就是漕帮的那些船夫、车夫，一路运粮北上，又劳心来又劳身，但只要吃一碗喷香的烂肉面，一口长气呼出来，一路上的辛苦就算是告一段落了。一船又一船的漕帮，甚至让这家铺子的名声传到江南，传得还有些玄乎：吃了这一碗烂肉面，一路漕运不遇风浪，不遭劫匪。

能开这样一家馆子，老板应该不是一般人，究竟是何方神圣？人们都不知其名，只知其姓徐，只因烂肉面里的烂肉又称肉脯，都称其“肉脯徐”。这肉脯徐年过半百，矮小精瘦，其貌不扬。平时是个挺无趣的人，不打牌，不听戏，不养鸟，甚至很少跟人吹牛闲聊。可这么一个人，一站到灶台前，就精神抖擞，容光焕发，像换了个人一样。有客人的时候，自然忙着招待客人；没客人的时候，就自己优哉游哉煮面，自得其乐。

这肉脯徐还有一桩奇事：生意这么好，赚了这么多，也不增加菜品、扩大规模，甚至连招牌都没有，每天只围着三尺灶台打转。

肉脯徐的生意如此红火，难免会引起其他饭馆嫉恨。俗

话说，同行是冤家，你的生意好了，吃你烂肉面的人多了，别人那里的客人自然就少了，就会眼红，就会明里暗里针对你。但肉脯徐就这一间小门脸儿，一碗烂肉面，生意再好也引不起堂、庄、居那些大饭馆的注意。

但是荣盛斋老板却坐不住了。荣盛斋也是一家二荤铺，但是店面要比肉脯徐的大多了，掌勺的大师傅也颇有来历，门脸儿装修得也挺雅致。不幸的是，荣盛斋也坐落在朝阳门外，就在肉脯徐的不远处。

荣盛斋老板眼睁睁看着自己的生意一天天萧条下去，就想方设法探究这肉脯徐的烂肉面究竟有何独到之处。先是打发自己老婆的乡下侄儿去肉脯徐那里要了碗烂肉面，吃得满头大汗，差点把舌头都咽下去，回来后也没说出一个所以然来。于是隔天又让他去打包了两份，偷偷摸摸带进店来，把掌勺师傅叫进里屋，关上门仔细品咂，吃一口，回味半天，还是没弄清楚究竟。面和得软还是硬，肉煮得嫩还是老，卤熬得稠还是稀，看起来跟自家店里的也没啥区别，可吃起来，味道就差得不是一星半点儿。

荣盛斋老板愁得吃不好饭，睡不好觉，琢磨出几个阴招，可一看肉脯徐店里坐着的那些五大三粗、满脸匪气的船夫、脚夫，就把这念头压下去了。

最后实在没辙，只好唱苦情戏了。一天，荣盛斋老板生拉硬拽把肉脯徐约到家里，喝了几杯茶，聊了几句闲话，就开口了:“兄长，小弟遇到困难了，只有兄长才能帮我。”然后他声情并茂地说了自己有多少开销，欠了多少债，表明自己实在是撑不下去了。“全家老小都快吃不上饭了，只望兄长高抬贵手，指点一条明路。”最后装出一副可怜相，就差哭出来了。

肉脯徐摇头不语。

荣盛斋老板回到里屋，拿出一个沉甸甸的纸包来，打开一看，是一摞一摞的袁大头。“兄长，小弟的这个请求实在是有些冒昧，但不也是没办法了吗，只要你指点指点，这些全是你的。”这时，这位老板已经开始利诱了。

肉脯徐依旧摇头不语。

荣盛斋老板急了:“也不能太贪心了吧，这已经是小弟能拿出来的全部了，到底要多少才愿意？小弟要是活不下去了，全家上你门前上吊去！”荣盛斋老板黔驴技穷了，只好耍赖威胁了。

肉脯徐终于开口了:“不是我不愿意帮你，我实在是不知道怎么帮你。”

他说，从十多岁开始，他就站在灶台前和面、下面、熬卤、煮肉，专心致志，不闻外物，只觉得做一碗烂肉面，是天下最有意思的事情。就这么一心一意地做了十多年，忽然有一天，仿佛灵魂出窍一般，就觉得面、卤、肉有了生命了，会张口说话了，无论是和面、下面，还是熬卤、煮肉，到火候了，它们似乎就会告诉他可以了。就这样，一碗烂肉面做出来，味道就特别足。至于为什么会这样，他也实在弄不明白。做了这些年面，总结出三点来：诚心、静心、专心，只要能做到这三点，持续几十年，这些食材就会有灵了。但如果哪一天走神了，脑子还想着别的事，就会不灵了。

荣盛斋老板听了瞠目结舌，面如死灰。之后再没有纠缠过肉脯徐。

过了几年，肉脯徐突然没了。也没灾没病，前一刻还在灶台前煮面，煮好面说是休息下，找了把椅子坐下来就再没起来。

几个儿子披麻戴孝把肉脯徐送走了，可头七还没过，兄弟几个就商量开个大饭馆。开店的本钱肉脯徐早就攒出来了，手艺自然也有肉脯徐的传承，还花钱请一个大书法家写了个“肉脯徐”的金字招牌。

可这兄弟几个，没有一个人继承了肉脯徐煮面的耐性，一个个过得特别滋润，每日里提笼架鸟斗蛐蛐，听戏听曲捧角儿，甚至还逛窑子寻花问柳。

人们再去吃烂肉面，不光旧时滋味没有了，还缺盐少味，于是去的人就少了。再加上改朝换代，漕运萧条，船夫、马夫也不再来京了，更是雪上加霜。

肉脯徐的招牌虽然还在，但京城独一份的烂肉面已成绝响。

灶温

一位正在进餐的老人

在老北京，名声能与肉脯徐相媲美的二荤铺，还有灶温。灶温在隆福寺庙前迤东路南，起初以经营切面、抻面为主，也有些肉丝、肉片、肉丁辣酱等所谓的“猪八样”。因小铺的灶火最初设在没有门窗围墙的排子房内，每晚上门以后，常有身上无衣肚内少食之人来取暖，也有来寻点热水或温剩饭的。店家对这些穷人从来不轰赶。因灶火常温，掌柜的又姓温，一来二去“灶温”这个名字就叫开了。灶温自己的菜品少，但隆福寺东口有福全馆，附近还有便宜坊、白魁，客人用他们家的鸭架或者烧羊肉来拌灶温的“一窝丝”，可谓相得益彰。后来灶温老板买下了隆庆堂饭庄全部铺底房屋，并添上了鸡、鱼、海味等菜肴。虽然规模只是中等，但其知名度却不在“八大堂”“八大楼”之下。清朝末年时常有王公贵族来捧场，民国初年的遗老遗少更是常客，金少山、尚小云、奚啸伯等著名艺人也不时光顾。抗战胜利后，叶圣陶先生从大后方回到北京，友人为其接风就是在灶温吃的炸酱面。

炒疙瘩情缘

广福馆

炒疙瘩是一种地道的北京美食，在别的地方可都没有。说起这炒疙瘩，还有一段挺有趣的逸闻呢！

炒疙瘩最早是由一对穆姓母女发明的。这家人家里没有男丁，只有母女二人相依为命。为了活命，就在虎坊桥北边的臧家桥开了一家饭馆，字号“广福馆”。这母女俩不是有传承的厨师，也没有什么太出众的手艺，只会做一种家常便饭——炸酱面。在刚开业的时候，由于这母女俩热情周到，服务态度好，生意倒也不错。但时间长了，上门来的客人就渐渐少了。母女二人愁眉不展。

有一天，一个吃饭的客人忍不住了，对她们母女抱怨说：“就不能换点儿花样吗？来来去去就这一种面条卖，搁谁也会吃腻啊！再这样下去更没人来了，只有关门倒闭。”母女

老北京最有名的面食还是炸酱面

俩一听，觉得很有道理，但是，再卖点什么呢？她们俩也就会做点面条，实在想不出办法来啊！

琢磨之后，这母女俩就又加了一种东西，就是饸烙面。一种面条变成两种面条，这样的改变自然是不够的，因此来吃饭的人还是越来越少。

一天，客人没来几个，和好的饸烙面又没有卖完。这时候正好是大夏天，这面要是放一晚上，肯定会发酵，就没法卖了。怎么办呢？这姑娘就说，别管了，咱们做个新花样自己吃吧。于是她把饸烙面重新和了一下，搓成面剂儿，再切

清朝末期的老北京人

成疙瘩，煮熟后又用肉丝炒了一遍，准备当晚饭吃。正好店里有两个客人，闻到这炒疙瘩味道很香，就要了一点儿尝尝，一尝之后，赶忙把大拇指都竖起来，连声叫好。

母女俩一时间信心大增，第二天就开始做炒疙瘩卖。附近的街坊听说广福馆新发明一种面条，纷纷过来一尝新鲜。吃完后，都说这炒疙瘩好吃，金灿灿的面疙瘩，绿生生的菜，疙瘩筋道，肉丝细腻，差点儿把舌头都咽下去。

一时间，人们争相传颂，客人蜂拥而来，生意一下子好起来。

这臧家桥对过的琉璃厂，是北京著名的文化街，在京的官员、赶考的举子常聚集于此，于是这里古籍书店、笔墨纸砚店铺、古玩书画店铺鳞次栉比。顾客和伙计们也听说了广福馆的炒疙瘩，便常在这里吃饭，日久之后这里成了琉璃厂的后勤食堂。有个名流吃完了炒疙瘩，一时兴起，就挥毫泼墨，写了一首诗："数载蜉蝣客燕京，每餐难忘穆桂英。寄语她家女招待，可曾亲手去调羹。"

过了不久，又有一家报纸专门报道了广福馆的炒疙瘩。文章说，只因为广福馆地处臧家桥胡同口，正好是韩家潭、五道庙、堂子街、杨梅竹斜街五条道路的路口，俨然如一个寨子，店主姓穆又无男性，有些好事文人戏称广福馆为"穆柯寨"，穆姓母女是"穆桂英"。文章还说，要雇黄包车去广福馆，不用提虎坊桥，也不用说臧家桥，只要一提"穆柯寨"，

马连良照片

车夫就明白了。于是，整个北京城都知道了广福馆的炒疙瘩好吃，从城里城外慕名而来的客人络绎不绝。

这炒疙瘩，竟然吸引了京剧名家马连良的光顾。这马连良为了保护嗓子，对饮食特别讲究，最爱吃前门两益轩的烹虾段。抗战胜利后，马连良一度还将西来顺的大厨师，延请为特约厨师，饭庄熄火，厨师便来到马家做夜宵。可就这样一个讲究吃的人，竟然也迷上了炒疙瘩，每天晚上演完戏都要来这里吃上一碗。来的次数多了，与这两位“穆桂英”也就熟了。

有一天，老太太说起这穆家姑娘还没有婚配，马连良突然问，愿不愿意把这姑娘许给他的弟弟。原来，他的弟弟刚刚在天津遭遇了一场无妄之灾，想定门亲事，冲冲喜，去去

晦气。

前段时间，马连良去天津演出，他弟弟也一块儿跟过去了。当时天津有个警察分局局长，叫徐树强，是个恶棍。一天，他带着小老婆，去圣安娜舞厅跳舞。邻桌就是马连良的弟弟，见这个女人打扮得实在是太妖艳了，不由得多看了几眼。谁知就这几眼竟惹得徐树强勃然大怒，让便衣把他抓进刑讯室，打得血流满面。又叫个剃头匠把他乌黑油亮的头发，剃个精光。还从厕所提来一盆尿，给强灌下去。

有个警察看不过去，趁别人不在偷偷问他，才知道是马连良的弟弟，然后去报信了。

民国时期天津的中国大戏院

当时马连良正好应邀在天津的中国大戏院演出，见弟弟出去这么久也没回来，正急得团团转，见有人来报信，才知道出事了。幸好马连良朋友多，多方托人说和，总算把弟弟给救了出来。

弟弟经历了这样的事情，心里苦闷，马连良就想给弟弟说个媳妇，定定他的性子。因为与穆姓母女接触多，觉得这穆家闺女做事稳重周全，是个贤内助，就有了这个念头。

穆姓母女当然知道马连良在梨园界的地位，能攀上这门亲事，那真是前世修来的福气。当下，闺女羞红脸跑回里屋，而穆妈妈赶忙把这个亲事答应下来。于是，就因为这炒疙瘩，一门亲事就定下来了，结下了终身之约。

过了几年，广福馆的生意又不太行了。一是因为穆老太太离世了，而穆家闺女当了马家太太，每天忙着操持中馈，顾不上打理广福馆；二是因为出现了很多竞争对手，北京城里的好多饭馆也开始经营炒疙瘩，尤其是一家叫恩元居的，做的炒疙瘩尤胜广福馆。

渐渐地，广福馆就被遗忘了，而附近大李纱帽胡同的恩元居，则成为老北京人吃炒疙瘩的首选。

这恩元居的老板叫马东海，他的炒疙瘩，讲究“揉”“搓”“揪”功夫，做出来的疙瘩均匀，煮后不黏，地道适口。而且，他家还很讲究配料，根据不同的季节配放青菜，如黄豆、蒜苗、菠菜、黄瓜丁等。疙瘩金黄，青菜翠绿，让人垂

涎欲滴。

再后来，炒疙瘩的做法也就逐渐流传开来，成为老北京各家饭馆的标配，不为某一家所垄断了。

中国近代警察制度的沿袭

民国时期的警察

晚清末年，为挽救国家危亡而学习西方进行改革的过程中，诞生了现代警察制度。1900 年八国联军侵华时期，为维持城里的秩序，清廷留守官员征得占领军的同意，组织了临时治安机构——安民公所，招募华人巡捕负责警察事务。此为北京近代警察制度的发端。1901 年夏，清政府与八国联军和议告成后，安民公所撤销。其后在 5 月，京城善后协巡总局在因袭安民公所制度的基础上建立起来。1902 年 9 月善后协巡总局被裁撤，工巡总局设立，先在内城建设，后扩大到外城。清政府从中看到了警察对于维持社会秩序的巨大功用，遂决定将其全面推广。1905 年 10 月 8 日，清政府正式宣布成立巡警部，作为全国警政的最高管理机构，综理全国警察事务。巡警部成立后，接管了原京师内、外城工巡局事务，并更名为京师内外城巡警总厅。1906 年，清政府实行官制改革，成立民政部，原设巡警部基本上缩编为民政部警政司，京师内外城巡警总厅改隶民政部。

都一处

『勤』和『俭』

都一处烧麦馆，开业于 1738 年，是一家山西人开的馆子，至今已有近三百年的历史了。

满族人还未入关、尚是"后金"的时候，就与晋商关系密切，皇太极去哪里征战，就有一批晋商跟到哪里。尤其在清兵入关之后，军费支出猛增，财政十分困难，就有大臣建言："山东乃粮运之道，山西乃商贾之途，急宜招抚，若二省兵民归我版图，则财赋有出，国用不匮矣。"因此，清军对山西商人更是招抚优待。晋商也就投桃报李，在满族人占领全国过程中及后来的多次大规模的军事行动中，都给予了很大力度的财力资助。

等天下大定、论功行赏的时候，山西商人范永斗、王登库、靳良玉、王大宇、梁嘉宾、田生兰、翟堂、黄云发被封为八大皇商，顺治皇帝在紫禁城设宴，亲自召见了他们，并赐予顶戴。借此契机，晋商也越发壮大，成为清朝一代最为

晋商的宅院

强盛的商帮。

由于跟清朝政府的密切关系，晋商也纷纷涌入北京城，要在这里打拼出一片天地。资金充裕的就开商号、当铺，资金较少的就开酒馆、饭馆。大名鼎鼎的都一处就是一家山西人开的馆子。

都一处的创始人姓王，1738年草创，最开始的时候只是前门大街路东一个简易的食摊，一个伙计，一个学徒，十几坛酒，几样普通但却精致的小菜就成了这个食摊的全部家底，主要卖的小菜是煮小花生、玫瑰枣、马莲肉、晾肉等。

虽然是一个简单的小摊子，味道也不是很独到，但生意却很是不错，全赖王老板的一个优点：勤。

王老板在经营上有一个特点，那就是开门很早，关门很晚，在其他的店铺都打烊以后还继续做生意。

就这样每天起早摸黑，兢兢业业，恪守信用，生意日趋红火。五年之后，王老板攒了一些钱财，并借到了一笔款子，开始起楼。起楼后，生意更好了，王摊主成王老板了，但他依旧勤勉如初。

在旧时，只要一进腊月，在旗的那些贵族、官僚和有钱人家，便开始置办年货，一般在年三十之前就都置办齐了，专等着过年。这个时候，官府也封了印，戏楼也封了台，一般人家也都不出门了。所以，酒馆、饭馆也在这几天就早早歇了。

只有都一处，即便是除夕也还一如既往地继续经营，不管过不过年。

1752年的除夕夜，其他的酒肆都早早打烊了，偌大一个北京城，也只有这家饭馆还在做生意。当然了，生意也很冷清，没几个客人上门。就在王老板和店小二闲坐在店里，无聊得快要睡着的时候，突然门帘一掀，有客人进门了。

民国初年的食摊

来的是一主二仆三个人，衣饰华贵，神情肃然。这三人进了饭馆坐下以后，王老板把店中的洋酒“佛手露”和酒铺自制的几样拿手菜糟肉、马莲肉等端上来。饮罢酒，尝过菜，一位客人问老板这家饭馆的名字，王老板回答没有名字。这时，楼外鞭炮齐鸣，客人想到家家户户都在过年，他感激地说:“这个时候还开门营业，京都就只有你们一处了，就叫‘都一处’吧。”这没头没尾的几句话，让王老板很是纳闷，但也没多想。

谁知道一个月以后，有十几个太监送来了一块虎头匾额，上面乾隆皇帝亲笔书写了“都一处”三个大字。原来，除夕那天乾隆皇帝刚刚从通州回来，从永定门进了北京城后，见街边的店铺都关门歇业了。一直走到前门附近，见还有一家饭馆开门营业，心中好奇，就进去瞧了一瞧。王老板知道那天那人是皇上后，激动万分，立刻把匾额高挂，“都一处”由此得名。王老板还把乾隆坐过的椅子用黄布盖起来，供人瞻仰，还规定从店门到“宝座”的通道不许打扫，于是泥土日积月累形成一道土埂，当时人称“土龙”，在清朝还被列为京城“古迹”之一。嘉庆年间，苏州文人张子秋，慕名来到都一处，酒饭后写道:“都一处土龙接堆柜台，传为财龙。”

此后，都一处更是名扬京城，人们都争先恐后地赶来见识一下这个当今圣上都赞赏的地方。

生意虽然好，但都一处依旧只卖那几样菜，也没增加什么新品种。直到同治年间，才增加了烧麦和炸三角等主食，还增添了炒菜。当时，京城有诗赞曰：“京都一处共传呼，休问名传实有无。细品瓮头春酒味，自堪压倒碎葫芦。”可见，都一处菜品虽然不多，但是味道着实不错，也配得上它的名声。

到了民国时期，都一处改为李家经营，传到了李德馨的手里。这时都一处又得到了一次大的发展。

这李德馨又是用什么样的理念和手段让这家老字号焕发第二春的呢？说来让人哭笑不得，只得说一声祖宗积德了。

原来，这李德馨名字虽然不错，但却名不副实，是一个地道的纨绔子弟。他没耐心正儿八经做生意，却成天在外头混，吃喝嫖赌，总之，干啥能挥霍钱就去干啥。没钱了就到店里去取，店里也没钱了，就克扣伙计、厨师们的工钱。后来，就连伙计、厨师们的伙食也给克扣下来了，每天让大家吃窝头就咸菜，闹得人人怨声载道。这李德馨还振振有词，说就算家大业大也要勤俭持家。

如此这般，伙计、厨师们自然与店主人离心离德，拿店里的东西撒气：你不是为了省钱不让我们吃吗？那让客人吃你总拦不住吧？于是，做菜品的炒菜多放油，做烧麦的多放佐料，打酒的多给，想着法子要把这买卖搞垮。谁知道，这些做法非但没有把都一处的买卖弄垮，客人反而越来越多：人们都说都一处的饭菜真材实料，而且分量足，一传十，十传百，生意越来越好。就这样，都一处不但炒菜出了名，就连店里的烧麦和炸三角也成了京城人爱吃的美食。

就这样阴差阳错，都一处竟然起死回生，重新名扬京城，而这里的烧麦也成了一绝。

除夕夜的踩祟习俗

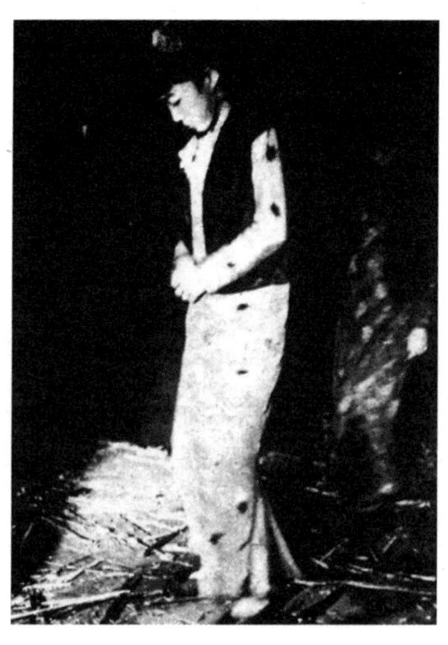

踩祟

过年之前，北京城里就有小贩挑着芝麻秸沿街叫卖，为的是过年踩祟用。老北京的习俗，除夕晚上，诸神重新下界开始一年的工作，因此，院内须设"天地桌"，设五供，焚香秉烛。晚上天刚黑，就有贫家的小孩挨户送"财神爷"（纸像）。这种纸像很粗糙，但一般人都为取个吉利，会以高于成本几倍之价接进财神像。等到子时，在天地桌前举行接神仪式，由家中长者主持。因为诸神所居的天界方位不同，下界时来的方向自然也不同，接何神，神从何方来，要预先查好"宪书"，然后带领全家举香在院中按方位接神。接神后，便将芝麻秸从街门内铺到屋门，人在上面行走，噼噼啪啪的声音，人们称之为"踩岁"，也叫"踩祟"。由于"岁"与"祟"同音，取新春开始驱除邪祟的意思。

老北京的水

南茶北水

在北京有南茶北水之说，说的是北京地势西北高、东南低，北边的地势高、水也好喝。南边则是由于交通便利，大茶庄多数开在这里，但这一带的水太硬，沏出来的茶不好喝，故为南茶北水。

老北京城人口最密集的地方是南城，但这里的水质却不好。在没有自来水的年代，北京人喝的水全是井水。据清朝资料显示，当时北京城内有七百零一眼井，城外有五百五十七眼井，共计一千二百五十八口，供全城人饮用。但由于技术所限，或者是成本的原因，这些井都不深，因此大多数是苦水井，苦而有碱性，不能入口。比苦水稍微好一点儿的，是二性子水，但也好得有限，依旧不能入口。甜水井比较稀罕，数量极少，但特别受欢迎。

紫禁城里的皇帝，是不用为水发愁的，因为他们每天喝的是玉泉山的水。玉泉山在北京西郊，在香山和颐和园之间，山麓大小泉眼有十几处，如“玉泉趵突”“迸珠泉”“涌玉泉”“宝珠泉”“试墨泉”等。清军进入北京后，就把玉泉山封禁，成了皇帝的御园，泉水也成了御水，只给皇帝饮用。尤其是乾隆皇帝，对玉泉山情有独钟，认为此地泉水是天下第一泉，甚至在下江南的时候，特意用车运玉泉水，供路上饮用。

那时每日清晨，西直门城门一开，第一个进城的就是从玉泉山来的皇宫运水车，插着龙旗，四个大水桶上盖着绣龙的大苫布，缓缓地一路驶入紫禁城。这一车水，以供皇帝一日之用。

京城里有胆大之人，想尝尝皇帝喝的水是啥滋味。但是这玉泉山没有皇帝特别恩赐，即使是朝廷大臣，也无法入内。那该怎么办呢？就从这水车入手。这给皇帝运水的人，也不

是六根清净的高僧，也有七情六欲，也有亲朋好友。于是，就有人早早起来，城门一开，就赶紧出去，远远地迎上水车，然后搬出七大姨八大姑来拉关系套近乎，再把丰厚的银钱奉上，就可以取用一些御水，过一过皇帝的瘾。

至于北京城里的各府第，也是无福享受玉泉山泉水的，每日要从北京城里的各处甜水井拉水。但这些甜水井，都是有井主的，要从这里拉水，资费可不低。王府井附近的大甜水井胡同，就有一口甜水井，据说井主每日光卖水就收获五十三两白银。

不光甜水井如此，二性子水井和苦水井也能赚钱。

老北京的井窝子

在清朝，苦水井和二性子水井是官井，百姓可以随意打水。维护井水的往往是军营里的伙夫。等清朝没了的时候，很多伙夫向官府承租了原来自己管理的水井，成为井主，再雇人为水夫，给人送水，以此谋利。井主在井旁搭建窝棚，作为水夫的住处，俗称“井窝子”。运气好的井主占了一个二性子水，就能发财。

一个井主，往往由把持一口井，发展为把持一条水道。老北京的东西南北城，分为若干条水道，负责这条水道的井主指挥水夫，向本水道内的住户和店铺送水。

每天清晨六七点钟，水夫们就推着水车，按路线把水送到主顾家。到了主顾家门口，用水桶接水，挑到主顾的厨房，倒进缸中。

那时候北京城里的大户人家，家家有一口大水缸，储备甜水，以供日用。

至于中等人家，则是一口大缸，装着二性子水，另备一小坛，来装甜水。平常做菜、做汤，洗衣、涤器、浇花，都用二性子水。来了客人，才会用甜水。至于烹茶，那是肯定要用甜水的。

普通人家，可就没有这么奢侈了，备有两口缸，大缸装苦水，小缸装二性子水。二性子水只用来烹茶，平时日用则只能是苦水了。

早些时候，这苦水为中等以上人家鄙弃，直到后来有传

言，说这八旗军家每月所领的老米，要用苦水来煮，才会越煮越香，于是大户人家也会备一些苦水来煮老米。

这些送水的水夫，大多是山东来的失地农民，北京人称其为“水三”。为什么这么叫呢，是因为山东人忌讳武大郎，因此不能叫他们“大哥”;也不能叫“二哥”，因为二哥是“武松”，他的哥还是武大郎。在山东某些地方，不认识的人打招呼，必叫“三哥”。北京人不愿意称其为“哥”，就叫“老三”，背后蔑称其为“水三”。

送水的水夫

之所以蔑称他们“水三”，还因为这水夫乃是京城一霸，平常人不敢惹，只能在背后过嘴瘾，嘴上占点儿便宜。

每年的腊月底，水夫都要给住户“送”粉丝。说是山东老家自制的，其实是从北京粉房赊来的。说是“送”，但住户都得给钱，而且比市价还贵。如果不收或给钱少，那么来年送水时便会找别扭。

年三十儿，送完水后，住户还得往两只桶内扔几个大铜子，叫“压筲底钱”，不能让水夫挑着空桶出去。

进入民国后，北京城区人口不断增加，用水日趋紧张，送水生意也红火了一段时间。但不久之后，北京就出现了很

水夫正在取水

多机井，即所谓的“马神洋井”（Machine well 的音译）。这种水井打得深，水也甜，送水生意大受影响。后来，自来水开始普及，但装一个水龙头价格不菲，要三十多块银圆，贫寒人家用不起，还得用水井，但利润已经没多少了，成为一门鸡肋生意。

在安定门外半里远的地方，有两口井，叫上龙井和下龙井，是北京城著名的甜水井，在元、明时就很有名。这两口井的井主，在民国时期也曾赚过一段时间大钱，只可惜后来生意都不行了。下龙井的井主看生意做不下去了，而且也转卖不出去，一怒之下就把井给填了。上龙井的井主叫毛三，不是因为排行第三，而是因为他是山东人，所以人们称之为毛三。这毛三颇有生意头脑，看送水生意不好做，就改开茶肆，借着上龙井的名头，生意倒也很不错。

京师自来水股份有限公司

民国时期北京公用自来水井

1908年，清政府成立了“京师自来水股份有限公司”，袁世凯幕僚周学熙任公司“总理”，开始筹建北京首座水厂——东直门水厂。水厂设备均为德国产品，1910年东直门水厂正式向市区供水。当时采用了三种售水方式：一是在街头巷内安装公用水龙头，凭水票取水；二是雇用水夫送水到户；三是直接把自来水管引入家中，安装专用水表计量销售。但是，自来水从水管流出时，会常伴有水泡，因此京城百姓认为自来水是“洋胰子水”，不能喝。经过半年时间的宣传与普及，自来水得到了普遍认可，胡同里经常出现排队买水的景象。受当时经济条件的限制，饮用自来水的用户只有三千多人，大多普通居民则是通过自挖土井或用压水机取用浅层地下水，少部分赤贫之家则是取用住地附近池塘、河流等地表水。

踏雪寻梅一老翁

伪茶

老北京人喜欢喝茶。大清早起来，先泡一壶茶，直到喝“通透”了，才去吃早点，出门干营生去。这是老北京人特有的养生之道。但在民国时期，有一段时间北京城里竟然盛行“伪茶”。

茶本无所谓真伪，采用饮茶方式冲泡的饮品，都可以称之为“茶”。比如现在颇为流行的大麦茶、菊花茶等，并不是用茶叶冲泡而成，称之为茶，也无不可。

北京本地不产茶叶，西山那边有精明人，采翠微山牡荆嫩芽，晒干，不炒不焙不蒸，取其原味，扛荷席篓荆筐，沿街叫卖，颇有野趣。这种茶，人们称之为“山茶”。所谓“山茶”，是为了区别“真茶”而特意命名的。

山茶，因为没有经过焙蒸等工序，所以要“熬茶”才有味道。所谓熬茶，就是把沏好的酽茶，上火熬煮，则苦味、黄色尽出。和熬茶差不多的，是“焙茶”，熬茶还需要用大火，而焙茶非但用小火，甚至可以不用明火，只要温度够了就行。熬茶或者焙茶所用的茶壶，名为砂包，材质不是紫砂，不是细瓷，而是粗陶，中产以上之家不曾见闻，只有乡间野店，才能偶遇。山茶在冬日饮用更有趣味。冬夜三五好友围炉而坐，高谈阔论，渴了喝砂包中的焙茶，岂不甚有诗意？

起初，人们因为其便宜，争相购买，于是逐渐就流行起来。饮的人多了，就有精明人将牡荆大芽混入，并掺入荆枝，用以压秤。这倒也还罢了，更有甚者，采集山间味苦无毒的草类，混入其中。

采制山茶的行业，有一个铁律，就是不采夏日长叶，不采秋后小叶，只可用手摘，不能用手捋。牡荆，北京人称之为“荆条”，西山人称之为“荆蒿”，芽虽然可以代茶饮用，枝叶则颇有毒性，稍有不慎，就会致死，而且各种虫卵繁衍其上，观之令人反胃，因此只采春时嫩芽，不光无毒，而且没有虫卵。

后来有无良商家，大量收购山茶，混入真茶中，鱼目混珠，以次充好，倒也可以多赚几块银圆，但是这行径导致“伪茶”的恶名开始流传。

再后来，商家又开发出新产品，大量收购“嫩酸枣叶”，接着便只要是嫩枣叶即可，再后来是嫩柳叶，采用新法制茶，反倒成了上等茶叶。

清朝末期的茶馆

制法：先将嫩叶洗净晾至半干，上笼屉蒸至二分熟，倒出来再晾至半干，再蒸，如此七蒸七晾，嫩叶已成稀烂，然后阴干至九分干，再放到瓷罐中闷，闷得越久，味道越佳。然后取出来售卖，谓之“龙井绿茶”。此种“绿茶”，外行人绝对喝不出区别来，价格也与中等茶叶相近。

此种“龙井绿茶”流行之后，就又有人取剪子股、酸不溜、苣荬菜等草叶，蒸晒两次之后，熬姜黄水，泼在草上，再蒸晒一次，就成了“茶胚子”，然后再进行窨制。窨制方法，与窨制花茶相同，把花与茶取合适的比例，放到窨笼中，窨焙二十四小时，就可以拿来售卖。

窨花茶多在丰台产花区，制伪茶多在广安门内，后来因

野茶馆较为简陋，路边大树下搭个凉棚，
支起几张桌椅即可开一家茶馆

为窨制需要，伪茶也逐渐迁到丰台去了。

在西山龙泉坞一代，有香白杏。每年秋后，杏熟落地，风吹日晒，皮就干到核上了，此干杏用水泡也不会胀。

有一个老翁，皓首苍髯，鹑衣百结，不知其姓甚名谁，也不知所从何来。每到冬末春初，冬雪将消未消之际，此翁就出现在龙泉坞，背着一个布口袋，拾取隔年陈杏。

此翁目不斜睨，旁若无人，只是低头捡杏。有好事的村人过来搭讪，均不理不睬。有心善的邀请回家喝茶吃饭，不搭理。有看不惯的就去恐吓："谁让你来这里乱采的，你以为这是没主儿的地方吗？"那老翁也不说话。

反复几次，村里秀才就说"此翁有心疾（疯病）"，也就没有人再理睬他了。只有几个顽童编些顺口溜嘲讽他，或者朝他扔些土坷垃、雪团，此翁依旧不言不语。每日捡半口袋干杏，就悄然离去。次日又来。如此二十余日，便不复再来。

说来也怪，这老翁捡干杏，也不是胡子眉毛一把抓，而是拿根棍子，在满地的干杏里挑挑拣拣。这干杏都干成了皮包核，能有什么区别？因此村里人更认定这老翁真有疯病。

再过月余，什刹海边一溜胡同的广庆轩，就会出现一种干杏茶。此干杏茶用干杏泡制，没有一丝酸味，却有一股清香，弥而不散，饮之令人心旷神怡，仿佛身在山间。

广庆轩是京城里有名的书茶馆。所谓书茶馆，就是有"白天""灯夜"两班评书的茶馆。广庆轩是 1940 年停业的，什

么时候开张的，没人知道，只知道辛亥年闹革命剪辫子的时候，这里曾叫同和轩。广庆轩里说书的都是北京评书界鼎鼎大名的老前辈，双厚坪、陈士和、潘诚立、群福庆、曹卓如等。来听书的也有不少贵人，像大清最后一位状元刘春霖、兵部主事富察敦崇、恭亲王奕䜣孙子溥心畬、大太监小德张等人。

每天开书前，书茶馆都有清茶卖，这一日起，又多了一样干杏茶。广庆轩的掌柜姓温，能说道，会来事，半城人能跟他称兄道弟。

清朝末年一位皓首苍髯、仙风道骨的老人

温老板称这杏茶很有来头，只有初春的干杏，经过雪压之后，才有味道，因此叫其“踏雪寻梅”。

温老板还说，这踏雪寻梅只有一个老翁捡的，才能泡出味道来。

旁人效仿，皆苦涩难以入口。温老板还说，这老翁来无影，去无踪，只在城外兜售，嫌城里腌臜从来不进城半步。

…………

茶客们左耳朵听了，右耳朵就出去了，也没把这事当真，捡杏谁不会？有那么玄乎吗？只是在听书前，叫一声“来壶踏雪寻梅”，就把注意力放到说书人身上去了。

眨眼几年已过，忽有一日，听书时觉得少点儿滋味，反复思量半天，才想起今天饮的不是“踏雪寻梅”，而是寻常的花茶。心里一急，赶紧就招呼温老板，怎么不上“踏雪寻梅”？温老板苦笑一声说，兜售此茶的老翁已经好久没出现了，他已经连着半个月去城外找，也没找着，都说不定倒在哪条沟里了。

茶客们唏嘘几声，依旧去听书，但就是坐立不安，听不进去，索性站起来道声“回见”，走了。第二天来，还没找着老翁，没有踏雪寻梅，转身就走。第三天就没再登门了。

生意一下子冷清了很多，温老板急得夜夜睡不着，四处打听到了西山龙泉坞，问村里人才知道老翁今年没来捡杏。

温老板这才死了心，只好自己想辙，雇村里人帮忙捡杏。

可无论是雪压过的还是没压过的，干的还是半干的，好看的还是丑陋的，都泡不出老翁“踏雪寻梅”的味道。也试着把干杏蒸煮焙闷腌泡，还请了制茶的老师傅炮制，就是不对味。

折腾了几个月，这一日温老板霍地站起来，一把将辛苦搜集到的配方扬到地上，一脚将干杏口袋踢翻，仰天长叹一声：“世间再无踏雪寻梅！”

果真，北京城里再没出现过“踏雪寻梅”。

老翁也再没出现过。

茶叶战争

美国独立战争的导火索是中国茶叶。一直以来，英国都是在美洲开采白银，用来跟中国交易茶叶，美洲每年产出的白银大约有一半最终流入中国。到了18世纪70年代，美洲的白银产量持续减少，英国人的茶叶消费量却越来越大，而英国货在中国却依旧卖不动。当时，英国刚刚结束了与法国进行的在全世界争夺殖民地的七年战争，爆发了经济危机，政府极度缺钱，于是就对殖民地横征暴敛。1764年，英国针对北美殖民地颁布了一系列的税收政策，第二年又颁布了《印花税法》。直到1773年，英国人的《茶税法》终于成为压倒骆驼的最后一根稻草，引发了波士顿那场针对中国茶叶的运动。当时，波士顿人塞缪尔·亚当斯率领六十名“自由之子”，乔装成印第安人潜入商船，将东印度公司运来的一整船中国茶叶倾入大海，以此反抗《茶税法》，最终引起了美国独立战争。

波士顿倾茶事件

茶馆变成地名

地兴居

地兴居原本是安定门外的一个小茶馆，只因为这茶馆被人们所熟知，竟然成为此地的代称，并在 20 世纪 30 年代正式成为此地的地名。

满族全民皆兵的八旗制度在清朝创立之初起了非常大的作用。

八旗的基本单位是牛录（满语，初音译为牛录，后改汉称为佐领），满语的本意为“大箭”。女真时代人们外出狩猎需要集体协作，就临时召集十个人结成一组，称为“牛录”，出猎时每人出箭一支交给推举出的负责人，负责人被称为“牛录额真”。

随着努尔哈赤的崛起，征服的部众越来越多，原本的临时牛录制度就跟不上时代了，需要对其进行改组。努尔哈赤则规定每三百人为一牛录，并任命“牛录额真”来统辖部众，

清朝末年的旗兵，领头的即牛录

成为一种渗透着强制力和封闭性的常设组织。八旗军中每牛录的兵丁数额在皇太极时降为两百人，康乾时期基本维持在一百三十人上下，嘉庆朝则固定为一百五十人。

比牛录更大的单位是甲喇额真（满语，汉称参领或协领）。女真人有协作狩猎习惯，当猎物被锁定后，人们会分为五队对猎物“合围”。于是努尔哈赤在这个基础上，每五牛录设一甲喇额真，而五个甲喇额真，则设一个固山额真（满语，汉称都统）。固山额真就是指八旗制度中旗的最高长官，执掌一旗之户口、教养、官爵承袭、军事训练等事务。

入关之后，清廷将八旗精锐半数驻于京城各城门，正黄旗居德胜门内、正白旗居东直门内、正红旗居西直门内、正蓝旗居崇文门内、镶黄旗居安定门内、镶白旗居朝阳门内、镶红旗居阜成门内、镶蓝旗居宣武门内。

清廷还改革八旗制度，把八旗由原来的军民合一制度改为职业军人。清廷对八旗兵丁的一切采取“包下来”的办法，用官费为他们建造房屋，凡遇红白喜事均由官给赏银，迁徙时由官给一切用度。

八旗兵丁还有钱粮和俸米领取，就是俗称的“铁杆庄稼老米树”。所谓钱粮，其实就是兵饷，有六种，分别是领催钱粮五两，候补领催钱粮四两，掰拉钱粮四两，马甲钱粮三两，二步钱粮二两，养育兵钱粮一两五钱。每个月的阴历初二，都是由领催（领催是“佐领下会计、书写之兵”，协助

安定门瓮城东北面全景

佐领管理本牛录）把银数领下，再按照人头发放。

禄米又叫岁米、季米，每名旗人每年二十四石左右，每年领取四次。

这种旗饷制度，断绝了旗人务农经商等其他谋生来源，日久遂成为一个完全以朝廷豢养为生的寄生阶层。清中叶以后八旗人口日趋增加，政府无力供养，产生了清朝特有的“八旗生计”问题。清廷解决这一危机的方式是一批批地将占据食饷份额的汉军旗人“出旗为民”，以保证满族旗人的生计。

久无战事，八旗士兵不断腐化，酗酒赌博，无所不为。

更有甚者狂嫖滥赌，银钱花光了，干脆把盔甲器械送进当铺。晚清时，无论是留在兵营里的“八旗子弟”，还是走向社会的“八旗子弟”，大多“唯知抽鸦片、提鸟笼”了。

不光是在城里，在京城外也有左右两翼八旗营房，如星拱日，环卫京城。

左翼镶黄旗旗营在今安定门外青年湖公园南侧，今日尚存西营房胡同。这里的旗营由于离京城繁华所在比较远，直到清末，依旧管理甚严。

等到 1911 年清帝退位，与民国签署了优待条约，其中一条是“清朝禁军编入民国陆军，钱粮和俸米依旧按照前清的数量发放”。所谓编入民国陆军，只是一句空话，但粮饷确实是照发了一段时间。

于是西营房这些旗人兵丁，俸禄照领，但却没有军法治理，整日无所事事。很快像城里旗人一样开始吃茶饮酒，提笼架鸟，放鹰养鸽。西营房南面是柳堤护城河，河堤这一片荒野就是旗人养鸟、放鹰的好去处。

有个山东人，颇有生意头脑，看这里挺热闹，就建了两间茅草屋，取字号为“地兴居”，提供茶酒。因是独门生意，日益兴隆。渐渐地，这家地兴居的名气越来越大，旗人们相互招呼：“大哥这是遛鸟回来了，上哪儿遛的啊？”“上地兴居遛鸟去了。”其实，他是去地兴居附近的荒地来着，只因为附近也没有其他的地理标志，就逐渐把这里叫地兴居了。

1924 年，溥仪被逐出紫禁城，冯玉祥军队士兵在检查太监的行李

1924 年，从属直系军阀的冯玉祥突然倒戈，趁直系军阀主力在与奉系军阀作战的机会，发动了北京政变，囚禁总统曹锟，推翻直系曹锟政府。同时他还做了一件事情，就是把清废帝溥仪驱逐出宫，撕毁优待协议。

于是旗饷就从此停发了，至于粮食，早在 1913 年就不再发放了。

这导致的一个结果就是，旗人都在忙着找饭辙，没有人再提笼架鸟、饮酒喝茶了。再加上不远处的安定门关厢、六铺炕的茶酒馆日益增多，于是地兴居就关门倒闭了。但是，人们已经习惯把这一块地方叫地兴居了。

清朝北京分房

清朝遛鸟的旗人

清朝的八旗子弟不用自己盖房，而是住在规定的营房中。清廷会根据旗兵的品级和职务分配住房。住房都在营里，不能买卖，不能出租，只能居住。最初的营房是统一设计的，不但有供旗兵居住的房屋，还有练兵阅兵的校场及办公议事的“中军帐”。所住的营房与北京的民居无异，只是屋中没有生产工具和过多的摆设。营房是灰砖灰瓦，由大小不同的院子和排房组成，规模不是很大，也不会有磨砖对缝的四合院式建筑。辛亥革命后旗营的房屋都归了居住者，官大的占得多，基层兵勇有间住的就很满足了。这些旗营虽然不在了，但留下了不少地名，如北营房、南营房、东营房、西营房等。

光棍点卯

广和轩

清朝之时，大茶馆盛极一时，但晚清之后，由于时事变迁，大茶馆就逐渐没落了。安定门内的广和轩，是坚持得较久的一家，一直开到 1920 年以后。

清朝的北京，大茶馆发展鼎盛。当时，地安门外的天汇轩，前门大街的天全轩、天仁轩、天启轩，北新桥的天寿轩，阜成门的天福轩、天德轩、天颐轩，合称京城茶馆“八大轩”，而天汇轩则名列八大轩之首。

大茶馆之所以名之曰“大”，是因为面积确实很大，通常都是占据一处四合院。有的大茶馆，能同时接待上千人。而天汇轩则是所有大茶馆里最大的一家，有房屋上百间，有雅座、庭院，还有为客人制作满汉饽饽的烤炉房以及很大的马车停车场。

“庚子国变”时，八国联军打进北京城烧杀掠夺，将天汇轩一把火烧成废墟，据说大火烧了整整一夜。

在“庚子国变”以前，内城严禁开设“戏园子”，不准有“丝

晚清时期的地安门

竹之声”，于是乎坐在茶馆里喝茶闲聊，就成了很多人的唯一去处。但是在“庚子国变”之后，传统的大茶馆生意日渐冷落，内外城十几个大茶馆也已经先后歇业，所以天汇轩也没必要再重建了。天汇轩在原址上改建为地安市场，经营小吃、日杂用品，兼有娱乐场所。后来市场逐渐萎缩，形成民居，名为天汇大院。

八国联军为啥要把天汇轩这个茶馆给烧掉呢？原来，这里是清朝便衣侦探的驻所。清朝京师提督步军统领衙门在地安门外显佑宫，步军侦缉穿便衣不方便出入宫门，就都凑在离衙门最近的天汇轩里办事。从咸丰初年闹太平军，到同治年间，天汇轩长期是便衣侦缉的日常驻地。

天汇轩是一座包容了三教九流、五行八作等社会各阶层

正在拆毁的地安门

人物的场所。上至皇宫中的达官贵人、皇亲国戚，下至车把式、蹬三轮的、说媒拉纤的应有尽有，可谓“群英荟萃”。便衣侦探在这里搜集情报也很是方便。

因此，八国联军得到线报后，就把天汇轩给烧掉了。

当时较为著名的大茶馆，除了这八大轩之外，还有前门外的裕顺轩、高明远、东鸿泰，前门内的东海升，东安门大街的汇丰轩，安定门内的广和轩，崇文门外的永顺轩，崇文门内的长义轩、广泰轩、五合轩，宣武门外的三义轩，宣武门内的龙海轩、海丰轩、兴隆轩，西直门内的新泰轩等。

安定门内广和轩，是一座名气、规模仅次于八大轩的大茶馆，俗称西大院，算是坚持得较久的大茶馆，一直开到1920年以后。广和轩能坚持这么久，主要是靠各种老主顾帮衬。每天早上六点来钟，第一拨顾客就要上门了。这第一拨客人，都是熟客，他们来茶馆第一件事不是喝茶，而是洗脸。他们的毛巾、牙刷都存在店里，茶馆伙计打好洗脸水，待老先生们洗漱完毕，茶叶也差不多沏好了。于是一边喝茶，一边聊天，喝过了几泡之后，感觉肚子空了，要么就在店里要碗烂肉面，或者是几个饽饽，要么就迈着方步回家吃去。

这老主顾里面，有个叫赵金声的，人称“赵六爷”，是个大混混。这人是个练家子，手下一众“徒弟”，包办外馆的蒙古买卖。这老北京的混混，能打出名号来的，基本上都有官府势力，即“大门坎子”当后台，再纠结一批小流氓、

地痞、无赖，就可以在街面上混了。这个赵金声也是如此，但他又不同于一般的混混，是混混当中的“光棍”。有人会说，光棍不是指单身男人吗？其实在古代，民间称地痞无赖一类人物为光棍。这种说法在元朝就已流行。如《元曲选·杀狗劝夫》“楔子”中有：“却信着这两个光棍，搬坏了俺一家儿也。”明清两朝，光棍之称颇为盛行，成为官方对流氓的通称，《大清律》中则有光棍例处置流氓罪。

这些混混之所以被称作光棍，是因为他们都是头脑机警、见风使舵的主儿，能把事情办得特别敞亮。“光棍不吃眼前亏”“光棍调——转得快”，这些俗语把光棍的特点说得淋漓尽致。赵金声就是这样一个典型的大光棍。

赵金声虽然每天都要去广和轩喝早茶，但跟别的熟客不一样，并不是对喝茶有特别的偏爱，而是为了在这里露个面，一者让那些求他办事、说和的人知道在哪里找他，二是显示下自己的存在，威慑街面。

一日，赵金声约了人去广和轩谈事，去得早，进门也没声张，找了个清静的地方坐下“谈判”。

刚坐下，就听见有个跑堂的在那里“演讲”：“……别看赵六爷在外面威风凛凛，功夫又好，徒弟又多，是个人物，但只要他一去张家口、绥远，六奶奶可就往屋里招人了……”说到这里的时候，有人在后面踢了他一脚，说“胡说八道什么”，跑堂的一回头，就看见赵六爷坐在那里，面无表情，盯着他看。

跑堂的一哆嗦，差点尿到裤子里，但毕竟历练多年，马上换上了笑脸，跑到赵六爷跟前大声说："六爷来了啊，今天喝点什么？"

这时，广和轩内的空气一下子凝固起来，不但安静得可怕，而且人们也像是被施展了定身诀一样，都停下了手里的动作，凝视着赵金声，等着他发作。人们都在猜测，今天会不会见血，毕竟这是传说中手底下有十好几条人命的赵六爷啊。

没想到赵六爷忽然微笑起来了，满面春风："我今天胃口好，来两个炒肉。"这一下子把广和轩里的气氛解冻了。于是，端着茶壶正在倒茶的，就接着倒下去；举着茶杯正往嘴边送的，也就接着去喝；认识赵六爷的，也纷纷过来请安。赵六爷也像往常一样，点头致意，就像是刚才那跑堂的根本什么都没有说一样。

于是赵金声"胃口好，再来两个炒肉"的事儿不翼而飞，传遍整个街面。人们都称赞赵六爷"够光棍"。倘若他当场发作，收拾了跑堂的，或者是事后叫徒弟们把跑堂的给灭了，反而倒证实了跑堂的所言不虚。赵六爷这事儿办得确实敞亮，非但没有跌份，名号反而更响亮了。

惠丰堂

老北京一家饭铺

惠丰堂始创于1858年，原址在前门外大栅栏观音寺街的一个四合院内，当时还没有字号，是专做婚嫁、庆寿、弥月、拜师、开吊等生意的冷庄子。1902年，一个姓张的山东人花钱盘下了惠丰堂，苦心经营，把以前只做红白喜事的冷庄子改成了现在这样的热庄子。据说，惠丰堂的招牌是慈禧赐下的，原因是老板刻意结交李莲英的儿子，搭上了李莲英的线，最后在慈禧那里露了脸。据说慈禧还赐给惠丰堂御用“圆笼扁担”，可以随时入宫。每当慈禧想吃美食，惠丰堂就会做好之后用这个圆笼扁担送进宫。进入民国后，惠丰堂依旧很火，政界的段祺瑞、张勋、吴佩孚等人，戏曲界的杨小楼、梅兰芳等常来聚会。

茶馆的乞丐客

天全轩

前门外的天全轩，是清末民初老北京最大的茶馆之一，也是老北京人最爱去的茶馆之一。

下茶馆喝早茶，是老北京人固有的习惯。那时候的北京人，起床都早，遛完鸟飞完鸽子，就全聚集在茶馆里了。

虽然各阶层都去茶馆，可最多的还是旗人。旗人有“铁秆庄稼老米树”，每月有老米、银两可领，虽不多，但不会断，旱涝保收。于是旗人就养成了喝小酒、享小福的习性。每月发放旗饷之后，各家茶馆门前车水马龙，几乎没有插足之地，雅座没有了，就围坐在柜上喝，也能坐个五六十人。

这旗人聚集的茶馆，大多是大茶馆。大茶馆通常都门脸儿齐整，装饰讲究。茶馆入门为“头柜”，负责外卖和条桌账目。过了条桌即“二柜”，管“腰拴账目”。最后就是“后柜”，管理后堂及雅座。三层柜台各有地界，接待不同来客。

大茶馆茶具也讲究，一律都用盖碗。主要是由于顾客在这里饮茶是次要的，更多为了消磨时间。还有是因为茶客冬天有养油葫芦、蟋蟀、蝈蝈、蝴蝶的，需要盖碗拂出的暖气取暖，尤其是蝴蝶，没有盖碗暖气不能起飞。

倘若喝到早饭时，不在茶馆吃饭，要回家吃饭或者有事外出，就把茶碗扣在桌上，回来继续喝。一包茶叶可分两次泡，茶钱一天只付一次。

大茶馆还有兼卖饭食的，这就是红炉馆、窝窝馆、搬壶馆和二荤铺。

红炉馆，也支着饽饽铺同样的红炉，专做满汉饽饽，只是饽饽的个头比饽饽铺的稍小，价钱也便宜。大茶馆中的窝窝馆专做小吃点心，“窝窝”之名也由江米艾窝窝得名，此外有炸排叉、糖耳朵、蜜麻花、黄白蜂糕、盆糕、喇叭糕、焖炉烧饼等。搬壶馆是介于红炉、窝窝两馆之间的，往往以一只大铜壶为标志。这类馆子也卖焖炉烧饼、炸排叉等两三种小吃，或者卖肉丁馒头。

前门外的天全轩，是有名的大茶馆。老北京人好面子，不怕没钱，就怕没面。比如孩子打架输了不叫输，叫“栽了”，意思是“栽面”了，从此没脸见人，挽救的办法只有一个，那就是把面子挣回来。这天全轩生意好，不光是因为地理位

清朝末期的茶馆

置好，有自己的甜水井，更是把老北京人的这种好面子心理利用到了极致。

这来天全轩的客人，全是体面人，一色的长衫，哪怕是三伏天，也要在胳膊上搭一件大褂。你要是穷酸打扮，这茶博士就对你爱搭不理。

那时候北京的茶馆，允许客人自带茶叶。而天全轩，则是热烈欢迎客人自带茶叶来，还要给客人挣面子。客人进茶馆后，第一件事就是掏出一包茶叶交给茶博士。茶博士打开茶包后，要高唱茶叶名，以给客人壮声势。比如客人带的是香片，就高声唱道:“您这是‘小叶双熏’，我给您滚水冲上一过。”如是绿茶，则曰:“您这是‘雨前嫩叶’，可不能烫熟了，得凉凉壶再沏。”这一唱之后，客人觉得倍儿有面。

有了面子的客人，下次自然还会来露脸；栽面子的客人，下次也会踅摸包好茶叶，来把面子挣回来。就这样利用了客人的相互攀比之心，天全轩买卖很是兴隆。

生意好了，自然会有乞丐上门。那时社会动乱，官僚腐败，很多人难以糊口，沦为乞丐。这老北京的乞丐也有特色，分为讨百家饭的、叫街的、擂砖的、念喜词的和数来宝的。天全轩所在的前门外店铺林立，是数来宝的风水宝地。

数来宝手里敲打牛胯骨板儿，系着红缨，挂着铜铃，伴着节拍唱着词，专门去店铺讨钱。这唱词很讲究，要让掌柜高兴，能讨到几个铜板。有万能唱词，在各家店铺都可以用:

老北京的乞丐

“大掌柜，二掌柜，不知掌柜哪一位？数来宝的上门来，恭喜宝号大发财。”有专用唱词，是到了应景的店铺才唱：“朝前走，迈大步，眼前来到绒线儿铺。香粉白来胭脂红，透着买卖真兴隆。”有的是现场现编，比如有一次正明斋门口，有数来宝词：“饽饽铺，数正明，名头盖了北京城。九月九，是重阳，炉烤花糕是吉祥。京八件，白又红，八样糖馅味不同。萨其马，亮又滑，甜香酥脆不粘牙。”掌柜的听了很高兴，就让他接着编，数来宝一打骨板儿，又唱上了：“正明斋，上金榜，金山银山天天长。到了年底一拢赚儿，四十八万整一帑。”掌柜的这才给了五个大钱，又听道：“掌柜的，心眼好，

荣华富贵跑不了。心也软，面也善，我一天给你磕三遍。”

大多数店铺，遇到数来宝上门，大都会施舍几个铜板，但是这天全轩，却不许数来宝上门。倘若有数来宝进门，往往会被伙计厉声呵斥出去。掌柜的说是怕数来宝冲撞了有身份的客人。

有一天早上，天全轩的伙计刚把门板卸下，一群数来宝就大摇大摆走进来，茶博士忙要赶人，却见这些数来宝一人掏出一包茶叶来，高声吩咐道：“拿去，给爷滚水沏来。”茶博士正慌乱着，又来了好几批数来宝，一手茶包，一手钱，纷纷入座。这些数来宝有茶有钱，店家想赶也没有道理，只好硬着头皮去沏茶。

客人们来了，在门口一看，扭头就走，边走边说晦气。别说是穿长衫的体面人了，就是短打扮，也不能和数来宝坐一桌啊。

一连三天，天全轩数来宝满座，客人们一个没来。三天后，数来宝没来，但天全轩门可罗雀，没有一个茶客上门。过了一个来月，茶馆生意刚有所恢复，就又有数来宝上门了。如是再三，天全轩只好关门倒闭。

有人说，这是当年有人沦落街头，靠数来宝挣条命，谁知却在天全轩这里“栽了面”。后来这数来宝发达了，做了叫花子的“杆头”，就想着法儿来把这面子挣回来。

老北京里的丐帮

一位衣不遮体的乞丐

明清时期北京城的乞丐也是有组织的，有一个大杆头和若干小杆头，如果有乞丐病饿而死，或者受到了欺负，杆头就要负责给乞丐料理后事或出面评理。乞丐病了，杆头要给买药、治病。乞丐之间发生了纠纷也由杆头出面调解。大的店铺每到新年、端午节、中秋节，都要给杆头送一些钱，叫作“节敬钱”。杆头收到钱后，就会仿制许多杆子，悬挂在各家送钱的店铺门前，乞丐们看见杆子就不会上门乞讨了，杆头会把这些钱分给乞丐们。通常人们家里办红白喜事或店铺开张，也会事先给杆头一些钱，杆头拿到钱后会在人家的门上贴上字条，乞丐们看到字条就不会进去骚扰了。如果不给钱，乞丐就会轮番进门乞讨。进入民国之后，乞丐越来越多，店铺的生意却不是很景气，负担不起杆头的节敬钱，乞丐也就不再听从杆头的指挥了，“丐帮”也就不复存在了。

董四巴招学徒

酱羊头

羊头肉是秋冬季节老北京人必食的小吃，白水羊头肉、烧羊肉与酱羊肉曾是老北京熟羊肉制品中的三绝。

清朝的北京城，上至宫廷，下至百姓，人人爱吃羊肉。据史料记载，太和殿大宴，一次就要用羊百只，王爷每人三只，贝子贝勒每人两只，以下皇族每人一只。老百姓虽然没有这么奢侈，但也会经常买羊肉开荤。据《乾隆京师商号》记载，仅前门外的珠市口周边二里之内就有十七家羊肉铺。

北京的羊肉也确实好吃。有多好吃呢？清初诗人查慎行在老家浙江海宁的时候，对羊肉深恶痛绝。晚年到了北京，一尝羊肉，顿时有相见恨晚之感，由此可见北京羊肉的魅力。据说自打通火车之后，上海、南京的达官贵人要吃涮羊肉，都要用北京的羊才叫上档次。

民国时期张家口的牧羊人

北京并没有大片的草原，本地产的羊数量少，而且大尾、毛粗、肉糙、味膻，并不受欢迎。那这些美味的羊肉是从哪里来的呢？那来历可就杂了：当时北京的羊肉市场上，有从河北易县、涞水和曲阳等太行山脉来的“南道白头羊”；有东口多伦（俗称喇嘛庙）来的庙羊、料羊；有北口羊，指张家口、张北，内蒙古的库伦、锡林郭勒、乌兰察布等大草原上的羊；有西口羊（滩羊），是指甘肃、宁夏、青海等西部草原上的羊。几乎全国各地的有名品种在北京都有出售。

清朝历代皇帝都喜欢吃羊肉，慈禧因为属羊，所以不喜欢别人吃羊肉

在没有火车、汽车的年代，这些羊要经过长途跋涉才能运抵京城。运羊的分成几个派系，分别是天津帮、北京帮、河北帮和蒙古帮。这些派系收羊的方式各有所长，有直接深入蒙古草原收购的，那叫“旅蒙客”；有到张家口等集散地买羊的，那叫“京装客”。运输方式也有区别，最初都是传统的一路赶过来的，叫“赶运”；通火车后，用火车运输的，叫“押运”。

活羊抵京后，就在马甸的羊店安家落户了。马甸的羊市是北京城最重要的、居于垄断地位的牲畜市场，那里的羊店一家挨着一家，素有“马甸无羊市无肉”之说。这些活羊一路跋山涉水，掉膘严重，于是都会在这里进行一段时间的育肥，吃四十天到两个月北京的草料和水。这样一来，羊的肉质既肥，口味也不膻了。

等这些羊膘长得差不多了，就由羊行的“把头”负责贩卖。那时候把持一方或某一行业的行帮头目都叫把头，羊行的把头是鉴定活羊的行家，羊肉店铺要进货，都是由把头说合成交。

北京的羊肉好吃，还有一个原因是北京人特别会做羊肉：蒸羊肉、烧羊肉、涮羊肉、烤羊肉、汤羊肉、抓羊肉、酱羊肉，无论怎么做，都能做出别样的滋味来，还时不时会有新的羊肉吃法被发明。比如，酱羊头这种吃法，就是由董四巴发明的。

董四巴最初开的是酱牛肉摊子，摊位在德胜门内果子市路南小巷口的北义兴大酒缸门首。北义兴是京城有名的大酒缸，尤其是以玫瑰露为京城第一，客人每天络绎不绝，多有慕名而来者。董四巴占据了这么一个有利位置，生意倒也还可以。

董四巴是个有心人，在这里摆摊儿的时间长了，就慢慢琢磨出一个道理：来光顾北义兴的，多是普通的市井平民，玫瑰露虽然有名，饮者也有贵人，但多是派遣仆从购买回家。乾隆年间成亲王诗酒自赏，常微服至北义兴小饮三杯，但两百年也仅仅出了一位成亲王。看来这里的生意还是靠穷汉们帮衬。

既然是做穷汉们的生意，最关键的自然是价廉。羊身上哪个部位最便宜呢？当然是羊头了。于是董四巴就把羊头用酱牛肉的做法做出来出售，果然购者如云。

买酱羊头的人越来越多，董四巴就把酱牛肉的生意停了，专做酱羊头。渐渐地，竟成了京城一绝。再后来，不光是食客来购买，其他的摊铺饭馆竟也从董四巴这里购买，再转手出售，于是董四巴就开始大量批售，成立了酱羊头的作坊，每天能出售两三百个羊头。本可以不再零售，但为了照顾零散食客，这老摊位也一直没停。

生意大了，董四巴一个人就忙不过来了，需要帮手。但他并无子嗣，就决定招几个学徒。

旧时的手艺传承，多是父子相传，但有的人没有子嗣，或者生意扩大，需要雇佣帮工，就出现了师徒制。师徒制本是对父子传承制的模仿，自然免不了使用家族之治的理念，也就是孝道。

对于外姓的徒弟而言，能学到安身立命的一技之长，是十分可贵的。向师父支付一定的费用，或者提供几年无偿的服务，本是常理。

对于师父来说，徒弟在学成之后，开始自立门户，反过来与师父竞争，就会出现“教会徒弟，饿死师父”的事情。因此，师父在选徒和教徒时，在人品、能力等方面都会严格要求，甚至百般挑剔，使得徒弟如履薄冰。同时，他们还用“一日为师，终身为父”的理念来影响徒弟，使其对自己终生感恩。当然，最普遍的手段，是“留一手”:最独家的秘诀，不到最后时刻，不会倾囊相授。这样的话，万一出了啥意外情况，师父也能控制局面。

董四巴找学徒自然也是如此，千挑万选，招了一对兄弟——黄三、黄四。

人们都说，董四巴眼睛毒，招的这两个徒弟实在是绝了：这两兄弟老实勤快，任劳任怨，不争不抢，还特别孝敬师父。自从有了这两人，不但店里的事情轻省多了，就连董四巴吃饭睡觉穿衣，都被伺候得熨熨帖帖，甚至白天的痰盂，晚上的夜壶，也都由两个徒弟去倒。人们都说，宫里的万岁爷也就是过这样的生活了吧!

三年的学徒期过了，董四巴开始给两人开工钱。但这两人对师父依旧是一如既往的孝顺，依旧把师父伺候得舒舒服服。

之后黄三、黄四在董四巴店里历练了好些年，店里的生意、家里的活计都给支撑起来了，也依旧没想着去自立门户。曾有别的店下重金想要挖两人走，这两人也没有答应。

人们都说，董四巴虽然没生儿子，但找了两个好徒弟，这辈子也不枉了。

后来董四巴过世了，两人也披麻戴孝，把董四巴稳稳妥妥送走，然后才开始做起自己的生意。

人们再去买黄三、黄四的酱羊头，突然感觉有些不对了：黄三的酱羊头，火候嫩，因此有点硬；黄四的酱羊头，火候有点老，因此太软了。

这不应该啊，这两人也做了十几年的酱羊头了，怎么火候还差了这么多?

渐渐地，人们琢磨明白了：这董四巴最后还是留了一手，把秘诀带到棺材里去了，没有传给这两人。

这黄三、黄四对董四巴虽然如同亲父，但毕竟不是真父子啊！尽心尽力孝敬十好几年，比好些亲生儿子都要孝顺，但到最后也没能打动师父。

人心，果然难测。

马甸

醇亲王的马也是由御马监负责

在北京有不少与马有关的地名，如马相胡同、小马厂、马甸、骡马市大街、亮马河、马神庙街等。这些地名的形成大多与明清时期的马政有关。如西直门内大街的马相胡同，在明朝称之为“御马监官房胡同”，因当时御马监就在这里，负责管理皇帝用马。而马甸则是因为这里是清朝的马匹交易市场。在清朝康熙年间，马甸这里已经成为马匹交易市场，俗称“马店”。乾隆年间，蒙古王公将贡纳的马匹赶到这里，供掌管皇宫用马的上驷院挑选，挑选后剩余的马匹就地变卖，因此此地的马匹交易日益兴盛。到了嘉庆、道光年间，马的交易改到德胜门外关厢，马甸这里则成为羊的交易市场，但人们仍然叫它“马店”。民国以后改称为“马甸”，延续至今。

老北京刮刮肉

羊头马

在廊房二条裕兴酒楼门前，有一个羊头肉摊，有老北京最美味的羊头肉。因摊主姓马，故被称为“羊头马”。

老北京人喜欢早起。

哪怕是那些八旗大爷，闲得没事干，也要早早起来，提笼架鸟。至于那些每日里挣碗饭吃的市井百姓，就起得更早了。

这应该是由于清朝的皇帝喜欢折腾人导致的。

清律规定，皇帝是卯时上朝，相当于北京时间的五点至七点。而大臣一般在寅时就在午门外等候，即北京时间三点至五点。如果是好天气，倒还好说，但遇到刮风下雨，尤其是冬天的时候寒风凛冽，那真不是一般人能受得了的。

有个京官恽毓鼎有写日记的习惯，他在日记中记载，有一次凌晨三点出门上朝，“因为道路泥泞，抵达东安门时天已黎明。天颜清减，深以为忧，竟无人敢以摄养之说为圣明告者”。皇帝都一脸不高兴，大臣们哪敢吭声。还有一次，恽毓鼎为参加在颐和园举办的慈禧太后的生日会，凌晨一点半就起床出了门。

乾隆、嘉庆年间天下太平，上朝时间稍晚，延至日出之际，即六点；而同治皇帝没那么勤勉，迟至八点以后方才临朝；后来光绪帝企图变法维新，以挽救清王朝的颓势，一度把早朝提前到凌晨四点。

紫禁城的建立，就是为皇帝和文武百官服务的。他们起这么早，那些依附他们生存的人，自然得起得更早。北京城里为生存忙碌的小商小贩自然也起得早。

清末准备去上朝的官员

比如说，老北京卖羊头肉的，就起得很早。每天天还不亮，他们就背着竹篾大筐，带着一盏雪亮灯罩儿的油灯，上街叫卖了。他们卖的主要是羊前脸，也有羊口条、羊耳朵、羊眼睛、羊蹄子、羊筋、蹄筋等。

羊前脸肉最好吃。切肉的刀，又宽又长，极为锋利，切羊前脸的时候，运刀如飞，切下来的肉片却薄如纸。然后把牛角里装着的椒盐，从牛角的洞里撒在肉上。有时候天气太冷，还带着冰碴儿，却别有一番香味。

这些小贩贩卖的羊头肉，都是从羊头肉作坊进的货。

这羊头肉，也是论季节卖的。不到立冬，街巷里基本上见不到卖羊头肉的人。但每年的立秋这一天是例外。这一天，所有卖羊头肉的，都必须上市。哪怕是天气依旧很炎热，肉

很容易坏，也必须在这一天上市一天。这是羊头肉作坊行业立的规矩，不执行的话那些羊头肉作坊就会封杀你，不再做你生意。

在道光年间，北京城里有个叫马纪元的，就犯了这个忌讳，结果真被封杀了。在这一年立秋这一天，马纪元老婆生了个大胖小子，一高兴一忙碌，就把这事儿给忘了。马纪元祖上已经在北京城里卖了六代羊头肉了，与这些羊头肉作坊也都是几辈子的老交情了，因此后来虽然想起这事了，也没太在意。谁知道过了一段时间，天气凉了，开始正经卖羊头肉了，再去进货，就被拒绝了。找相熟的伙计一打听，才知道这羊头肉作坊换了一个掌柜的，正准备烧三把火，树立一下自己的权威，就把倒霉的马纪元当成杀鸡儆猴的那只鸡了。马纪元百般哀求，不管用；托中间人送上厚礼，被丢到门外。看来确实是没有缓儿了。

这马纪元祖上已经卖了六辈子羊头肉了，他从小耳濡目染，只会卖羊头肉，没有旁的手艺，这一下子被羊头肉行业封杀，一家老小不得去喝西北风啊！

马纪元一咬牙：天无绝人之路，我自己去煮羊头肉卖去，我就不信了，我们家卖了六辈子的羊头肉，煮出来的羊头肉会没你们的好吃？

于是他去马甸买了一些羊头，买齐了调料，尝试着自己煮。又仗着老交情，在廊房二条裕兴酒楼门前，开始摆摊卖羊头肉。

这马纪元不愧有六代传承的经验，一经琢磨，这六辈子人传承的威力就显现出来了：哪块部位的肉嫩，哪块部位的肉耐嚼，怎么煮更有味，都心里有数。

马纪元还不放心，决心与那些沿街叫卖的区别再大些。首先，马纪元把切肉刀换成更大的，这样切出来的肉既大又薄。而且他还练出来一个特殊本领——用大刀给羊头肉褪皮，就是把一整块羊脸子上的肉片下来，最后墩子上只留下一整张羊脸皮。其次，马纪元把调料做了改进，把上好的大红袍、花椒、丁香、砂仁、豆蔻、海盐等，精心烘制，反复研磨，形成自家的独特味道。最后，马纪元又在干净上下功夫。在老北京人的印象里，羊头肉作坊是肮脏之地，臭气冲天，只要让他们见过做羊头肉的过程，就不会再想吃下一口，不论做出来的羊头肉有多香。于是马纪元换上了干净衣裳，各种工具洗得干干净净，又把整个做肉过程都拿出来放到人们眼皮子底下。

这样一改变，果然有了奇效，人们一看：这家羊头肉既干净又好看，味道更是扑鼻，何不买来尝尝？一尝，连说好吃。于是一传十，十传百，整个北京城都传开了，说这家羊头肉的味道比街头叫卖的羊头肉美味百倍。于是慕名而来的不计其数。他每天一出摊，就被人们团团围住，看他如何用大片刀在小小的羊头上雕花。

按理说生意这么好，就应该趁热打铁，扩大经营，但马纪元却一天只卖二十个羊头，卖完就收摊。有人笑他傻，说他不会赚钱，他却说，这是由于他一天只能拾掇出二十个羊头来，做得再多，就不能如此精心，味道难免会差点儿，因此他一天只卖二十个。这话传了出去，人们都夸他实诚，慕名而来的食客更多了。

通常街头叫卖的羊头肉，乃是下里巴人的解馋之物，中等以上人家不屑一吃，而这马纪元的羊头，却吸引了不少社会名流前来品尝，像梁实秋、张君秋、尚小云、谭富英等人，就经常前来光顾。

渐渐地，马纪元不再被叫本名，而被称作“羊头马”，他做的羊头成了京城里有名的美食。好多离乡的老北京人，都忘不了这一口儿。抗战时期，梁实秋寓居重庆，就对此念念不忘。等到抗战结束，一回北京就赶紧买来解馋，如愿以偿大吃一顿。

刮刮肉

刮刮肉即刮骨肉，是老北京早上才有的吃食。每日太阳将升未升、人们似醒非醒的时候，就已经有人在门前呼叫“刮刮肉——”了。卖刮刮肉的身背荆筐，盖着木盖，里面装着由羊骨上刮下的碎肉，撒以盐屑。特别细碎的肉称作“刮刮肉”，块儿稍大的称作“猴儿头”，另外还有“羊脊髓”卖，早年间也有羊肠肚。每天一到中午，街上就找不到卖刮刮肉的了。刮刮肉作坊每日派橡胶独轮车到各羊肉铺收购羊脊骨，然后回来劈开白煮，煮熟后刮肉剔髓，发售给小贩沿街叫卖。

清末集市上的小吃摊

孝廉公的汤羊肉

珍味斋

晚清时期，在鲜鱼口胡同，有一家珍味斋，是专卖汤羊肉的小店。

在交通尚不发达，没有汽车、火车、飞机的年代，出门是个大问题，尤其是走远路。大多数人都是日出而作，日落而息，鸡犬相闻，老死不相往来。倘若村里有人出过远门，别说走多远，即便只是去过州府，那也不得了了。倘若有人去过省城，绝对会被当作闻人，上街也会被人指指点点告诉别人:“那人去过省城。”“那人见过总督大人的轿子。”……他要是开口说话，别人会不由自主地竖耳倾听。人们遇到点儿什么难办之事，也多会找他出出主意。所以，那时候的读书人受人尊重，不光是因为他会之乎者也，更因为他们出过远门，长过见识。

对于出过远门的人来说，这经历也绝对是一件值得夸耀的事情。没有公路，有的地方甚至没有路，需要迈开两条大长腿，一路颠去:逢山过山，逢河涉水，遇到最多的是操不同口音、想法迥异、行事千差万别的人们。他们见了许多前所未见的物，听了许多前所未闻的事，知道了许多前所未知的习俗。出一次远门，绝对是一次心理上的蜕变。

倘若有人跋涉数千里，去过京城，那绝对可以夸耀乡里了。

举子们进京赶考，尤其是南方的举人，要一路跋山涉水，等于是过了一次鬼门关。那时候的会试大多是三年才举办一次，大概也有交通不便这个因素吧。

举人们每次出行之前，先要“约帮”，也就是搭伴出行。路远的举子，光是去京城就得在路上耗几个月，在京里应试又得不少时间，落榜之后回来也得几个月，这加起来就将近一年了。这一年时间里，做伴的要形影不离，朝夕相处，不找脾气秉性相投的伴儿，万万坚持不下来。况且“人离乡贱，物离乡贵”，出门在外无依无靠，难免遭人轻视，有同伴撑腰也是必需的。还有就是，从南到北，从西到东，气候迥异，饮食迥异，难免会有水土不服、头疼脑热的时候，没人照顾怎么能熬得过去？因此，选好伴儿是第一位。

一切准备妥当，还不能着急上路，要选好进京路线。比如从广东到北京，行程七千里，最快的路线，也要走七十天，慢的要走九十天。因此，选择路线也很关键。

上路之后，还要考虑交通工具的问题。不同地方交通工

长江支流里的帆船

具规格不同。比如广东的河头船、江西的三板船、浙江建德船、苏州快船与尖头船，特色迥异。选择什么样的船、什么样的船夫、如何不被蒙骗，对于没出过远门的人来说尤为重要。北上京城，还要过很多关口，如何应对查验，也须谨慎。

到了京城后，住在哪里，又是一个问题。大多数人会选择本地的会馆。明清时期，每逢会试，各地举子齐聚北京，人地生疏，乡音难改，常受店家欺凌。后来就有同乡人筹措资金，购置房产，供来京的同乡举子和其他来京谋事的同乡住宿之用，就是会馆。

当时京城会馆林立，各地的省、府、县几乎都有会馆。据光绪十二年的《朝市丛载》记，北京的会馆有近四百家，

顺天府贡院的号舍，举人就是在这里参加会试

每逢科考之年，住得满满当当，基本上都是举子。

这些举子千辛万苦来到京城，考中倒还罢了，倘若落榜，只好带着满腔落寞，再千辛万苦返家。一路艰辛悲愤，自不必多说。

因此，有些落榜的举子，就干脆在京城落脚，等过三年时间再考一次，省了每次的艰苦跋涉。但“京城居，大不易”，家境殷实的倒还罢了，可以置办房产；家境贫寒的，只好自己想辙，谋个差事先干着，等时间到了再考。

那时候的举人，多半是找一些幕僚、西席的差事来干，轻省而且有时间温书。但也有举人别出心裁，去干些有意思

一旦考中进士，就成了官老爷

的行当。

比如说，在咸丰年间，有个绍兴籍的举子来京赶考，落榜之后却没法回家了：洪秀全的太平天国已经到了江南，与清军正打得如火如荼。万般无奈之下，就在京城开起了汤羊肉馆。这举子家里原本也是开羊肉馆的，只因为其父觉得开羊肉馆不够体面，社会地位太低，一心培养他读书做官，以光耀门楣。这举子倒也天资聪颖，是个读书的料，顺顺利利地中了秀才，再中了举人，于是趁热打铁来进京赶考。但天下英雄何其多也，来到京城，就被人比下去了，落榜了。

这举子家里仅仅是一个开羊肉馆的，能从牙缝里抠出多少闲钱来？进京的路费也紧紧张张，这一朝落榜，可就傻了眼了。再加上归家的路被战乱阻断，几乎就陷入绝境了。

幸好有祖传的料理羊肉的秘方，于是这举子就在南鲜鱼口开设了一家珍味斋，卖起汤羊肉来。

这人天资聪颖，再加上从小耳濡目染，开汤羊肉馆那是得心应手，后来竟然在羊肉盛行的北京城开出了名堂，获利甚丰。

这珍味斋每天宰一头羊，先去头，后取出五脏，洗净脔切，下锅煮熟。不过煮肉时手法佐料，都有秘传诀窍，外人不得所知，总以不出血为佳。每日卯正之时，即早上六点，已经煮得汤肥肉烂了。客人也陆续上门，就用这肥美羊汤煮面，再买些羊杂碎，覆盖到面上。这一大碗喷喷香、热腾腾

的羊汤面，倒入腹中，的确是一种痛快淋漓的享受。北京的各大饭庄也都有卖汤羊肉的，但味道都比不上珍味斋的。

那时候老北京汤羊肉馆的老规矩，是只卖汤、卖肉、卖杂碎，面须得客人自带。正好珍味斋对面是泰山成切面馆，以一窝丝龙须面闻名。食客们多在这里买面，再去珍味斋买汤煮。

这举子开汤羊肉馆开出了名堂，再加上在京多年，目睹了晚清官场腐败、洋人横行的现状，参加科考的心思就有些淡了，一门心思开汤羊肉馆。等到太平天国结束之后，就把原籍的老婆孩子都一起接过来，在北京扎了根。只可怜他的老父亲，省吃俭用供他读书，原本想着光宗耀祖，没承想只是把分店开到了北京城，满腔热情化作尘土。

这举子死后，其子继续做汤羊肉生意。其子死后，就由大徒弟于某接着做，于某死后，珍味斋也就随之关门了。

举孝廉

清朝一位举人与其家人

西汉时期，汉武帝采纳董仲舒的建议，诏令中央和地方的主要行政长官向朝廷举荐道德、学问优异又有议政能力的人。鉴于各地人口多少不同而名额相同造成的不公平，至东汉的和帝时，改以人口为标准，如全国每二十万户中每年要推举孝廉一人，由朝廷任命官职。这种推举方式就被称为举孝廉，并成为汉朝察举制中最为重要的岁举科目。东汉时期，规定被推举为孝廉的人必须年满四十岁，对儒生出身的孝廉，中央要考其经术，文吏出身的则考试笺奏。从此以后，举孝廉就出现了正规的考试之法，孝廉科因而也由一种地方长官的推荐制度开始向中央考试制度过渡。因孝廉是被推举而来的，因此也叫举人。唐朝时，常科的考生一般有两个来源，一个是生徒，另一个是乡贡。乡贡指的是，不在学馆或正规学校上学的私学学生，先经州县考试，合格后称之为举人。明、清两朝则称乡试录取者为举人。因举人与孝廉的渊源，后世的举人也被称为“孝廉”。

白变黑

东广顺白魁

1780 年，白魁在东城隆福寺斜对面的小街口，开了一家羊肉铺，字号“东广顺”。京城人觉得老板的名字“白魁”比“东广顺”这个招牌更有味道，就逐渐以“白魁”称之。

两汉那会儿，佛教传进中国；差不多同一时期，道教也成形了。从此这两宗教进行了长达两千多年的竞争。如何竞争呢？一是寺庙、道观的修建；二是争取信徒，招徕群众。用通俗点儿的话说，就是对人和地的争夺。但这种争夺，又不能明火执仗，于是就曲径通幽，用各种宗教庆典来招徕信众，以及为庙宇增加人气，如神佛庆典、坛醮斋戒、水陆道场等。

比如说，北魏孝文帝迁都洛阳后，大兴佛事，每年都要在释迦牟尼诞日举行佛像出行大会。佛像出行前一日，洛阳城各寺都将佛像送至景明寺。出行时的队伍中以辟邪的狮子为前导，宝盖幡幢等随后，伴以音乐百戏、诸般杂耍，非常热闹。此后这种活动就延续了下来，唐宋以后的迎神、出巡都是对这个活动的沿袭和发展。

这么热闹的庆典，自然是观者如云，于是就有人在宗教庆典上做生意，做生意的人多了，就形成了集市。由于这种行为能招徕很多观众，佛道二教并不禁止这种行为，反而在一定程度上提供方便。于是庙会就形成了。

明清两朝，是庙会进一步完善发展的时期，更加突出了商贸功能，从而成为人们经济生活、精神生活和文化生活的重要组成部分。

老北京的庙会极为兴盛，隆福寺、护国寺、白塔寺、土地庙、火神庙等每月定期开放，每月逢九、十、一、二是隆福寺，逢三是土地庙，逢四、五是白塔寺，逢七、八是护国寺。厂甸、火神庙、大钟寺、雍和宫、妙峰山、东岳庙则按传统的年节循例举行，比如正月初一开庙的东岳庙和大钟寺，初二的财神庙，三月初三的蟠桃宫，等等。

在老北京这众多庙会里，最为兴盛的要数隆福寺了。这隆福寺庙会不光在北京出名，就是在全国也是赫赫有名。有句老话儿说："南有夫子庙，北有隆福寺。"夫子庙是指南京的夫子庙庙会，又称秦淮灯会、金陵灯会和夫子庙灯会，每年春节至元宵期间，秦淮河上画舫林立，个个扎灯、张灯、

隆福寺庙会

赏灯、玩灯、闹灯，热闹非凡。与它齐名的是北京隆福寺庙会。

隆福寺于明景泰年间建成后，景泰皇帝原本要到寺院看看，身边有人上疏说“不可事夷狄之鬼”“不可临非圣之地”，景泰皇帝就没有驾临。“不可事夷狄之鬼”是什么意思？原来，隆福寺是明朝北京城里唯一一座喇嘛庙。

到了清朝，清廷与西藏、蒙古等崇信喇嘛教的少数民族关系更为密切，因此，隆福寺的香火极盛。再加上这里距离朝阳门不远，而朝阳门是从南方来的商旅官僚们的必经之门，他们的奇珍异宝也都拿到这儿来卖。久而久之，隆福寺发展成北京内城首屈一指的大庙市。乾隆年间，隆福寺庙会在京城庙会中列“诸市之冠”。有诗曰：“东西两庙货真全，一日能消百万钱。多少贵人闲至此，衣香犹带御炉烟。”东庙就是隆福寺，而西庙是指护国寺，要比隆福寺稍差一筹。

每旬初九、初十隆福寺庙会，游人如鲫，附近王府居住的王爷们、东交民巷一带的外国人、北京市民和近郊农民都来赶庙会，摊贩为多赚钱，九、十两天之后依旧舍不得撤摊，继续营业一两天，这样隆福寺的庙会就由每旬两天变为逢九、十，延至下一旬的一、二，共四天了。

隆福寺庙会上除了百货日用，也不乏珠宝玉器、文玩古董。而且隆福寺离北京贡院（今建国门）不远，全国赶考举子在这里聚集，于是这里就有了几十家书肆，珍本、孤本也不少见。民国时期，北京大学尚在沙滩北街，与此地近在咫尺，胡适曾对学生们说，没事去隆福寺走走，那里的书肆老板可是卧虎藏龙。

隆福寺庙会另一大特色就是美食，而其中白魁老号尤为有名。1780年，一个名叫白魁的人，在隆福寺斜对面的小街口开了一家羊肉铺。他除了卖生牛羊肉外，也卖羊肉、羊杂碎。后来，做得手熟了，经验丰富了，就创出了烧羊肉。就是把羊肉炖熟后再经油炸，外焦里嫩，香酥可口。此后，白魁的羊肉铺便改为饭馆，起字号为东广顺。

最初东广顺的名气并不是很大，是借了隔壁老字号饭馆隆盛馆的名声。隆盛馆就是大名鼎鼎的灶温，来这里吃抻面的人，常常到白魁的东广顺，买烧羊肉拌面吃，再浇上羊肉汤，实是一美餐。久而久之，来隆福寺赶庙会的人都知道了这家的烧羊肉地道，白魁的名气也越来越大。

北京人觉得老板的名字白魁比东广顺这个招牌更有味道，就逐渐以白魁称之，时间久了，倒把东广顺这字号给忘了。

白魁经营了几十年，临到老了，却得罪了一位有权有势的王爷。其实，也不算是得罪了这位王爷，而是得罪了王爷的一位亲信。这位亲信就在王爷面前说了白魁的坏话，惹得王爷不高兴了。于是王爷随便动了动手指，就让白魁吃了官司，发配到了新疆。

临走之前，白魁把饭馆转让给跟他一起干了几十年的厨

重修的隆福寺牌楼

师景福。景家人把这饭馆经营了四代，一直是勉强糊口。后来撑不下去了，就在 1900 年前后把这饭馆转给了自家亲戚黑泰和，于是就成了黑家经营“白魁”。

谁知道第二年，也就是 1901 年，起了一场大火，把隆福寺烧得残破不堪，断了香火。没想到，没了限制，这隆福寺庙会反而更旺了，各种摊点延至东四外大街。而“白魁”也趁着这个风头发展起来了，生意日趋兴隆，成了当时北京城烧羊肉的“王者”。进了民国，“白魁”也发展壮大了，在老店对面增设南号新店，分成南、北两店。

1928 年，民国首都南迁，政府机关和十几万官僚离开了北京，这“白魁”的生意也一落千丈，再加上黑泰和年纪大了，精力不济，就把饭馆租给外甥马某经营。十年后租契满，黑泰和的儿子黑德亮收回自营。当时，北店房屋早已卖掉，只剩下了南店。到了1956年，白魁加入了公私合营。

发配

宁古塔位于黑龙江省牡丹江市海林市长汀镇古城村

清朝有笞、杖、徒、流、死五种主刑。发配即流刑，按照《大清律》的规定，是仅次于死刑的一种刑罚。清朝的流刑有三个级别，分别是：流二千里、流二千五百里、流三千里，皆加杖一百。原则上是

没有刑期，终身不能返回。清廷还规定了各省、府的三等流刑应发往的地点，按计程途，限定地址，以此来防止各省随意发配，处分不均。此外，虽然《大清律》中没有规定，但清朝在五刑外还有两种刑罚：充军和发遣。充军分五等：附近两千里、近边两千五百里、边远三千里、极边四千里，烟瘴是云南、贵州、广东、广西。发遣是清朝创设的一种刑罚方法，是指将犯罪人发往边疆地区当差或者为奴。这是一种比充军更重的刑罚，分两种：一发新疆，一发吉林、黑龙江。发遣宁古塔、发遣伊犁，属于发遣而非发配。

天降一条龙

南恒顺

一条龙本名南恒顺羊肉馆，创业于清乾隆年间，距今有两百多年的历史。据说光绪皇帝曾来这里吃过饭，故又名一条龙。

旧时能够在京城立足的饭馆，基本上是凭借自身的卓越品质，虽然偶尔也进行宣传活动，但受技术限制，主要还是通过人际传播的方式来扩展自己的影响，不像今天商业品牌的建立和维护主要依赖企业主动进行的媒体宣传。因此，这些老牌子饭馆，更能得到人们的信赖。一条龙羊肉馆就是这样一家老牌子饭馆。

在老北京饮食行业，山东人占据半壁江山。老北京有名的饭庄，如便宜坊、同和居、正阳楼、天福号、东兴楼等，皆为山东人所开。故当时所论及的三大菜系、四大菜系、八大菜系，皆推鲁菜为首。

这些山东人来京城开饭馆发了财，自然被家乡人效仿，于是越来越多的山东人来北京讨生活。1779 年，山东禹城一位十四五岁的韩姓少年，也踏上了去北京谋生的路。

来京之后，经人介绍，他便在东四牌楼一家羊肉铺当学徒。

东四牌楼与西四牌楼同时修建于明朝年间，皇城一东一西各有四座，故以“东四牌楼”“西四牌楼”简称之。那时候，由于漕运发达，从朝阳门开始，经过东四牌楼，直到隆福寺，这一条路是商业繁华之地。那时从京东通州转来京城的粮食和货物，不少都要通过朝阳门运进城里，装进附近的官仓。当时不少从京东来的脚夫、商客在朝阳门至东四牌楼大路两旁的食摊儿上用餐。同时，这里离京城内的两大庙市之一的隆福寺甚近。可谓是占尽了地利之便。

这家羊肉铺既卖生羊肉，又卖自制的烧羊肉、酱羊肉、白羊头肉等熟肉，还烙芝麻酱烧饼等食品，买卖很好。

韩家少年在这家羊肉铺一待就是几年。由于他勤快好学，没几年店里的所有活计都学到家了。出师之后，他先是在柜台上干了一年多，然后就出来自己单干了。

开始时，他只是在东四牌楼东边摆了个羊肉摊。后来，他又在前门外大街路西找了块地方，支了三个棚子，把羊肉摊迁了过去，起名“南恒顺羊肉铺”。

南恒顺开张后，果然生意很好，他一个人忙不过来，便从家乡找了个十几岁的少年给他当小学徒。开始时，南恒顺只卖生羊肉，后来又添加了熟肉生意。由于他们待客和气，肉拾掇得干净，所以特别受人欢迎。从此，南恒顺便在前门外大街站住了脚，这家业也就一代代传了下来。

1897 年，南恒顺羊肉铺的买卖已经传到了韩家第六代的韩同利了，这时在前门大街路西建起了一间门脸儿的筒子房，前门在前门大街，后门在珠宝市街，房上边还有个暗楼。业务也有所拓展，从过去的羊肉铺发展为经营涮羊肉、炒菜、杂面、抻面等食品的羊肉馆了，店里的厨师、伙计加起来也有十几号人。

在旧时，“仁义礼智信”是一个人安身立命的根本，而一个“信”字则可以综合体现“仁义礼智”，所以，讲究信

用几乎渗透到了社会生活的方方面面。南恒顺能生存上百年，传承六代，自然是声誉极佳，以“信”为本。那时，来这里吃饭的顾客层次很广泛，有上二楼雅座吃涮羊肉和炒菜的上层人物，也有在店堂里坐散座的一般客人，还有在店门外坐长条凳吃羊肉杂面和抻面的劳苦大众。

有一日，店里来了两个吃饭的，穿着不俗，谈吐雅致，但吃完饭之后却发现没有带钱，于是就找韩同利说明了情况。

开饭馆的老板，哪个不是经常遇到这些“诓吃诓喝”之人？韩同利对这些人也深恶痛绝。但是，如果是真的遇到了那些确实忘记带钱的主顾，就不能得理不饶人了。一家饭馆要想建立起良好的信誉，首先就必须表现出对客人的信任和理解，所以在当时，那些大凡有点儿身份和地位的客人在店的消费都不是当时结现的，而是采用记账的形式，到了年底的时候一次性付清上一年的费用，尽管这样做确实存在一定的风险，但是为了获得良好的信誉，饭馆老板们确实也愿意冒这个风险。

韩同利仔细观察了这两个人的神情举止和谈吐，发现这两人不是混市面的那种油滑之徒，甚至不像是经常出门在外吃饭的人，而且衣着也不寻常，于是就一挥手，大方地说：“没什么，您二位请便吧，什么时候方便了，给我送来就是。”二人对看了一眼，竟连“谢”字都没说就走了。

第二天一早，就来了一人还饭钱。这人面白无须，嗓音

光绪皇帝曾来这里吃饭，所以被称为“一条龙”

尖细，老北京人一眼就能认出来，这是宫里的太监。韩同利心里一惊，赶紧把这个太监请到上座，不但没收饭钱，还给奉上好茶，塞给红包，才知道原来昨天那人竟然是光绪爷。

韩同利也隐约觉得这人身份不简单，没承想竟然是当朝皇上，不由得喜出望外，连声说：“见到真龙了。”

于是他把光绪坐过的方凳供养起来，再不许其他人坐。这件事情迅速流传开去，一时之间传为佳话，南恒顺得到了一个良好的口碑，大家都管它叫“一条龙”。从此，南恒顺门庭若市，买卖更为兴隆。

到了1900年的时候，八国联军侵华时的那把大火，把大栅栏烧成了火胡同，南恒顺没能幸免，店里皇帝的宝座自

然也烧没了。后来，韩家又筹资建房，买下了旁边的一块地皮，把门脸儿扩大成三间，一边挂着南恒顺，一边挂着羊肉馆。但是人们叫得更多的是一条龙，本名南恒顺反倒是没有那么响亮了。于是在1912年时，南恒顺才正式挂出了一条龙羊肉馆的牌匾。

更名之后，一条龙的生意更好了，一天三班倒，二十四小时营业，天天顾客盈门，拥挤不堪。甚至到了日伪时期，由于“日本鬼子”喜爱吃涮羊肉，一条龙的买卖没有受到大的影响，存活了下来。直到现在，一条龙还是北京城里有名的馆子。

被八国联军焚毁的前门

皇帝被囚禁

光绪皇帝出殡

据说光绪皇帝来南恒顺的时间是在1897年除夕。再有几个月，光绪皇帝就要开始戊戌变法，然后再过几个月，戊戌变法失败，他就会被关在瀛台，除八国联军侵华期间，就再也没有离开过了。直到被囚禁十年之后，在慈禧临死前一天，光绪离世。而1897年的这个除夕只怕是光绪最后一个自由自在的除夕。光绪在瀛台的时候，无人伺候，生活过得非常清苦。卧室内空空荡荡，仅有一桌一凳，冬天也不让生火，窗户纸破了也不让补，偌大的房间内冷风刺骨。光绪死后有人见他的卧室只有一张硬板大床，一个泥土火炉，墙上的壁纸甚至都已破裂霉烂。

一个小家族的奋斗史

烤肉宛

北京经营烤肉的餐馆，要数烤肉宛的字号最老，创建于1686年，至今已有三百多年历史。

家族，对于中国人来说，是一个饱含着辛酸和血泪的词语。把自己的基因传下去，是每一种生物的本能。你看那些公螳螂，明知道自己交配后会被吃掉，依然前赴后继。不光昆虫如此，比较高级的哺乳动物，如牛羊等温顺的食草动物，为了繁衍和保护后代，也会去拼命争斗。

人也是动物，自然摆脱不了这种本能。不仅如此，为了让家族更加兴盛和庞大，人类会想着把更多的东西传下去，比如权力、财富，比如知识、技术，或者仅仅是一个手艺。

比如秦王嬴政，统一六国之后，管自己叫始皇帝，让儿子当二世皇帝，孙子是三世皇帝，想这样一代一代传下去，一直传到千世万世。

当然了，天有不测风云，人有旦夕祸福，世上没有永恒的家族，没有哪个家族的传承能一直延续，免不了都要中断。比如秦始皇嬴政，传了两代，他的整个家族就被项羽、刘邦他们杀了个干干净净。

可即便如此，依旧不能阻挡人们千方百计地想办法，让自己的家族传承下去。这些家族的传承史，组合在一起就是中国五千年文明史，而中国史，也可以分解成一个个的家族传承史。有些是气势宏大的家族传承史，比如“二十四史”，梁启超就说过：“‘二十四史’非史也，二十四姓之家谱而已。”这话虽然是在批判“二十四史”，但也从侧面说明了家族史的地位，以及古人对历史的认知。但大多数的家族史，是一

些不知名的小家族，辛辛苦苦努力经营，拼命地想活下去、活得更好的传承故事。也许没有刀光剑影般的传奇经历，只是一些生活琐事，但千千万万这样的家族，却构成了中国所向披靡、无可阻挡的历史洪流。

北京城里的老宛家就是这样一个小家族。从康熙年间到民国时期，两百多年的传承史，似乎可以从中一睹中国历史的隐秘，同时也可窥见老北京历史的隐秘。

老宛家能传承这么多年，几乎贯穿整个清朝，自然是有

民国时期烤肉宛的掌柜

独门绝技传承下来的，即烤肉技术。

细究起来，老宛家的烤肉已经传承好多代了。最早是康熙年间的宛伯儿，他先是在宣武门外下斜街专门批卖酱牛肉的“锅伙作坊”里做“记账”，后来辞去“记账”，自己推车沿街卖酱牛肉。后来觉得酱牛肉竞争不过老东家，就在安儿胡同西口支起烤肉摊子。因邻着一大酒缸，生意倒也不错。

就这么卖了几十年，宛伯儿把摊子传承给儿子。儿子又卖了一辈子烤肉，把摊子传给孙子。就这样老宛家攒了几代的钱，终于攒够了，在孙子这一辈，宛家把烤肉摊子所在的官地买下来，盖起两间铺面。于是把烤肉手艺连带铺面又传给了子嗣。

这一百多年里，这个家族的状态几乎是一成不变的，祖祖辈辈每天起早贪黑，切肉烤肉。辛苦赚点儿钱，除了必要的生活需求，都要攒起来。每一辈人，只要成年之后，似乎都少有休息的日子。

老宛家有一代传人叫宛起瑞。这名字起得恰如其分，升起祥云瑞彩，似乎预示着他们家族将要兴起。但在市井之间，不兴称呼大名，“宛起瑞”这名字没几人知晓，但你要是说起宛老五，知道的人可就多了：“北京城鼎鼎大名的烤肉宛啊。”

老宛家是啥时候开始发家的呢，应该是在清末民初那二十来年间。那段时间，洋人横行，西学兴起，整个中国的传承几乎要断了，偏偏老宛家起来了，这也算是造化。

那时节，洋人一窝蜂往北京跑，外省人也一窝蜂往北京跑（以前虽然也来，但限于交通，来的没这么多），伴随着他们的是各种地方美食，西餐、鲁菜、粤菜、淮扬菜、川菜，浙菜、闽菜、湘菜、徽菜，再加上宫廷里失业跑出来的御厨们，仿佛在一夜之间，北京城里各种前所未有的馆子纷纷开张。北京人也长了见识，饱了口福。老宛家的烤肉就乘着这个风口起飞了。

烤肉宛的铺面比较简单，只是一大间屋子。靠南是烤肉的地方，一个圆平台，中间一个一尺多高的铁圈，上面扣着中间略为凸起的铁炙子。铁炙子由并排的宽不到一厘米的铁片组成，两片之间有缝。圆平台四面放四条粗糙的板凳。靠北也是一个桌子，上面放着碗、筷子、碎葱、碎香菜、麻酱、酱油等用具和调料；还有一个切牛肉的案子，上面放着牛肉、刀、碟子等。炙子下烧的是松木，烟很少，却带有香气。炙子很热，肉片放在上面，立刻发出嗞嗞的声音。

顾客入座后，拿双一尺多长的木筷子，一只脚蹬在凳上，一只脚着地，边烤边吃，颇有大口吃肉、大碗喝酒的豪迈气势。

烤肉，最重要的当然是肉了，老宛家传承了这么多代，关于怎么选肉，怎么切肉，怎么腌肉，自然有独到之处。每天，宛老五都要到马甸的牛羊市场上亲自选牛肉，用哪家的

烤肉宛的师傅，用大砍刀能切出薄如纸的肉来

肉，哪个部位的肉，他心中都有数。切肉更是家传手艺，要求切出的肉都要在三寸长，一寸宽，薄如纸——这样的肉一上炙子就熟，顾客吃到口中好嚼好下咽。切好后，再将肉片放入姜汁、酱油、卤虾油、西红柿、鸡蛋清等调制味汁中腌渍入味，然后就可以烤了。

烤好之后，片大肉薄，无筋无络，滑嫩无比。

宛老五还有个独门绝技：接待客人、算账等活计与切肉、烤肉同时进行，互不耽误。客人一进店门，他就打招呼："两位客官，请到那边坐。"边说边示意伙计领客人到座位上。"这一位先来，请坐上去。""您先等一会儿，您比这位后来一步。"客人一顿畅怀大吃，放下碗和筷子，就听见宛老五在那边算账：什么什么几吊（铜圆十枚为一吊）儿，什么什么几吊儿，一共多少钱，不差毫厘。最妙的是，在做这一切的时候，他的刀不停，仍在切肉。而且从他刀下出来的肉，恰好三寸长，一寸宽，薄如纸，没有一片肉切坏了的。若不是祖祖辈辈传承下来的手艺，万万做不到这样精准。

店里的客人，多是市井百姓。后来出了名，有些富户也慕名而来，于是乘汽车带仆从的显赫人物，甚至珠围翠绕的贵妇人也光临。梅兰芳、齐白石、郭沫若等社会贤达，都曾

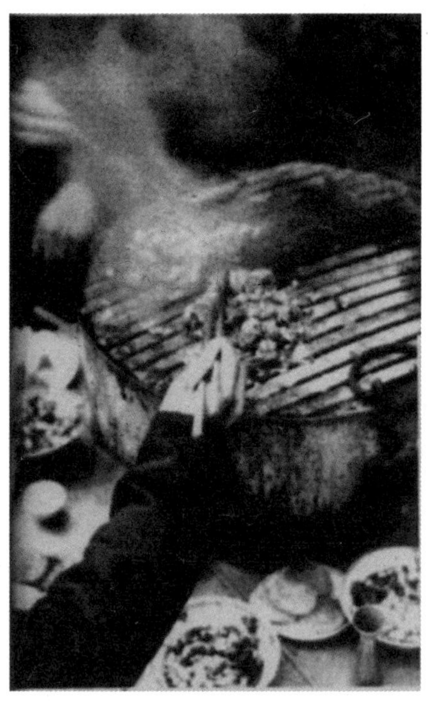

把肉放在“炙子”上，吱吱冒烟

是店里的常客。宛老五对此毫无所动，既不考虑另设什么“雅座”，也不起身殷勤奉承招待，依然边切肉边招待。

到了20世纪30年代，宛老五去世了。按照惯例，他的这一切又传给了儿子。但他儿子不甘寂寞，把店面改建、扩大，装饰得富丽堂皇，店里也开始提供炒菜，老板也不再整日坐在案前切肉了，他考虑的也不再仅仅是如何选肉、切肉了。

炙子烤肉

老北京人吃炙子烤肉

炙子烤肉有近三百年的历史了。很多人认为老宛家的烤肉摊子就是炙子烤肉的诞生地。炙子烤肉的炙子指的是烤肉的炉子，下面的火盆叫炙炉，上面的铸铁盘叫炙盘。吃炙子烤肉，老习俗要脱外套，这是因为老宛家的烤肉摊子没有足够多的板凳，很多人站在路边吃，怕火烧着了长袍马褂，因此脱去。旧时，北京城专卖烤肉的有三大家，即“烤肉宛”“烤肉季”和“烤肉王”。现在，只有烤肉宛和烤肉季尚存。烤肉季原本是什刹海荷花市场内的一家烤肉摊，摊主名叫季德彩，是北京通州人。它的原名是潞泉居，由于店主姓季，经营烤羊肉，因而人们俗称烤肉季。有了积蓄后，季德彩买下了一座小楼，正式开办了烤肉季烤肉馆。

满城唯一黑水味

砂锅居

老北京城里有各种各样的餐馆，但只有一家是满族风味的，就是砂锅居。这砂锅居据说和清朝第一王“礼亲王”还有着比较特殊的关系。

清朝十二位铁帽子王，礼亲王排第一。第一代礼亲王爱新觉罗·代善，是清太祖努尔哈赤的次子，是一位叱咤风云的将领。当然了，代善能够在铁帽子王中间排名第一，不仅仅是因为他的资历，还因为他有拥立之功。

清太祖努尔哈赤死后，代善是长子（其兄已死），按照世袭规定，他应该是继承父亲大统的第一人选，而他也有能力和实力争夺这个皇位。但代善顾全大局，尊父命拥立八弟皇太极继承皇位。而皇太极驾崩后，他又与诸王拥侄子福临即位，又与其弟睿亲王多尔衮等，共同辅佐年少的顺治皇帝福临。

礼亲王代善

顺治即位时年仅六岁，帝位受雄才大略的睿亲王多尔衮扶持。多尔衮率兵入主中原、定都北京，立下了卓著功勋，位高权重，如果他想要废掉顺治自立，年幼的顺治几无还手之力。甚至不少朝廷重臣和皇亲国戚也有此意，其中就包括代善的一个儿子和一个孙子。获知此事后，代善亲手杀死了自己这个儿子和孙子，这一举动震动了朝野，也让顺治皇帝对他感恩戴德。正因如此，礼亲王代善成为排名第一的铁帽子王。

到了同治年间，礼亲王爱新觉罗·世铎已经是代善的第九世孙了。但是龙生九子各有不同，世铎完全没有代善的雄

礼王府

才大略，已经沦落为一个庸人。即便是这样一个庸人，也因为他的爵位先后担任了内大臣、军机大臣、军机处领班等职务，处理军国大事，被赠予亲王双俸。他做事谨小慎微，就连李莲英依礼节给他下跪，他竟还跪以报，一时还传为笑话。世铎身居要职，却年迈昏庸。其子侄辈有从欧洲游历回来者，世铎见面后问道："洋鬼子的国家也下雪吗？"听者掩口而笑，回答说："中国与外国同处一个天地之间，所以都有风霜雨雪。"世铎听后默然无语。

世铎是这样一个人，府邸的管理自然也就松懈了，于是下人们开始吃里爬外。当时的王府有各项祭祀，有朝祭、夕祭、背灯换索、柳树求福、乌林祭、四时献鲜祭以及其他诸祭，几乎每三五天就有一祭，每次祭祀要杀三五头猪。祭祀完成后，撤下来的全猪分割，用白水煮熟，称之为祭神肉，除了肉尖儿由主家食用外，剩余部分会被赏赐给下人。吃到祭神肉，被视为吉祥之事。

虽然主家有规定祭肉不准出门，但礼亲王府管理不严，仍有人偷摸在外出售。有一个姓刘的更夫与礼亲王府的管事人松七关系亲近，于是松七就每次少给其他下人分肉，而把大量的肉廉价卖给刘某，近乎白给。刘某就在缸瓦市搭了一间棚子，出售祭神肉。

由于祭神肉不是每天都有，每次所得的肉要分开来卖，所以砂锅居自开业起就是只卖半天肉，下午就关门。后来自

己做肉来卖，依旧是只卖半天。直到七七事变之后，北京沦陷在日军铁蹄下，日军常在下午和晚上来此吃喝，店主慑于日军的淫威，不得不改变多年的经营习惯，实行了全天营业。

同治年间的砂锅居尚没有招牌，那时的人们称之为下水棚子，以供贩夫走卒充饥。直到光绪年间，请一位正红旗佐领写了招牌，才跻身饭馆之列。

说来也巧，有一天礼亲王府祭肉厨师恩禧路过下水棚子，

满族传统菜砂锅白肉

出于好奇，就进去一瞧，见祭肉被糟蹋成这个样子，气不打一处来。砂锅居老板知道恩禧来历后，花大血本托人说合，想拜恩禧为师。最后恩禧被打动了，就收了一个叫方顺子的伙计为徒弟，传授其满族传统煮肉手艺——烧燎白煮，以及血肠灌制法。

所谓“烧燎”，就是把猪肉先用小火燎烤，再用水煮，煮时不加任何调料，故称白煮。这是满族传统的烹调方式，由礼亲王府一脉相承。

下水棚子原本只是将猪血凝固成血豆腐，恩禧交给他们满族传统的血肠灌制法。几十年后，砂锅居把一古老的铜漏斗用红布包着，放在供财神爷的神案上，视为圣物，这就是恩禧教他们灌制血肠时所用的第一个漏斗。

恩禧还为砂锅居创了两道名菜，炸鹿尾和炸卷肝。鹿尾并不是真的鹿尾巴，而是用烧燎过的猪肉和猪肠衣、猪肝做成鹿尾的样子，然后或蒸或炸。砂锅居的炸鹿尾色泽金黄鲜亮，清香隽永，风味独特。炸卷肝则是用猪网油将猪肝包裹，再用猪油炸。

恩禧还参照了辽东煸菜的做法，创造出烧碟。烧就是炸，烧碟就是用小碟盛着炸过的食物。在其全盛时期，烧碟多达一百三十多种。

昭梿

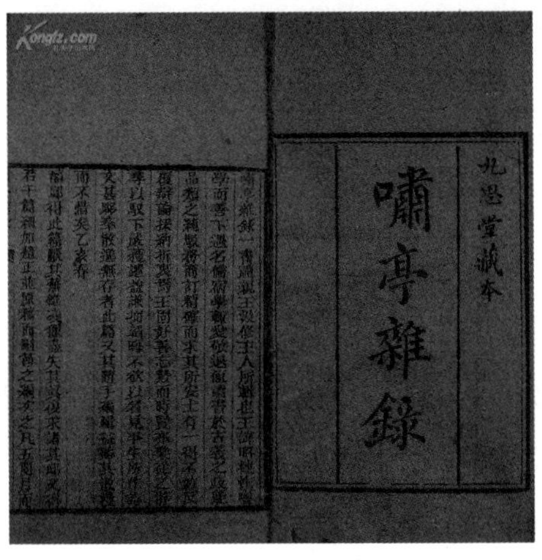

《啸亭杂录》

嘉庆时期的礼亲王昭梿，个性比较张扬。一天，一位御史上了一封奏折，说是见到一封举报信，举报昭梿曾以入朝换班迟到为由训斥刑部大臣景禄，并当面训斥尚书景安为奴才，还在府内私设刑具，滥用私刑，虐待庄头。嘉庆非常生气，让宗人府和军机处一起查办。嘉庆尤其对昭梿训斥尚书景安为奴才一事十分震怒，礼部尚书是朝廷的一品大员，只有皇帝才有资格训斥，昭梿此举被嘉庆认为“妄自尊大，目无君上”。于是嘉庆剥夺昭梿的礼亲王爵位，交给宗人府圈禁三年。半年后圈禁被解除，昭梿却也成为一个无爵无职的闲散宗室。昭梿爱好文史，与魏源、龚自珍、袁枚等多有交往，从此把主要精力都倾注于文史研究上，最终写成了《啸亭杂录》。该书涉及政治、文化、军事、典章制度、民族关系、满族风俗和人物逸事等，是一份珍贵的史料。

牟文卿破釜沉舟

同和居

同和居是老北京较早经营鲁菜的老字号饭庄，开业于1822年，原址在西四南大街北口（西四牌楼西南角一四合院内）。

自从同和居打算重修铺面，牟文卿就很忙，忙得连最舍不下的评书都顾不得去听了。

往日里雷打不动，一到下半晌，腿就不由自主地往书茶馆福海居迈去，拦都拦不住。

哪怕是庚子年间，先是义和团，后是洋人，一拨一拨开进了北京城，杀人、放火、烧屋，也没能把牟文卿喜欢听书的瘾给治好。

1900 年 8 月 15 日，一大早宫里的老佛爷就换上粗布旧衣裳，偕光绪帝、隆裕皇后等出神武门，经德胜门，自南口越居庸关“西巡狩猎”去了。在前一天的时候，八国联军已经打破广渠门，进了北京城，街上还隐约能听见枪声、炮声的时候，牟文卿就偷偷溜出门，一顺脚就去了福海居，想听一段书解解闷。谁知道他自己愿意冒险来听书，但是王杰魁、田岚云、品正三、赵英颇等角儿，却不愿意冒险来说书，只得扫兴而归。更让他郁闷的是，回到家还被内掌柜的一顿收拾：“不要命啦？想找死就直说，我帮你想办法，别出去招惹洋人去！”这话说得在理，他没法搭茬儿。

这之后，北京城也就乱起来了，今天这里闹革命党了，明天那里被扔炸弹了……隔三岔五就要发生一回。又过十来年，世道就更乱了，连宫里的皇上都要退位，人们的辫子也都要剪去。想当年多尔衮为了让汉人剃发易服，着实杀了不少人，可现在要给改回去了。何苦来哉！

刚没了辫子的时候，牟文卿还有点儿不习惯，老觉得头上凉飕飕的。以前干活儿的时候要先往手心里吐口唾沫，再要把辫子缠到脖子上，现在去抓却突然抓了个空，一下子心里空落落的，干活儿都没精神了。

好在，他也不是文人墨客，也不会一直伤春悲秋，没多久，也就把这事儿忘得差不多了，因为真的很忙。在清朝，一般人想进北京城，可不是一件容易的事儿，当官的，经商的，做账房的，做师爷的，押镖的，运漕的……也就是有数的这几类人，才有幸来京城一趟。从外地来一趟京城，也实在是折磨人，骑马、乘舟、走路，据说广东一些地方，要提前半年就出门，才能按时抵京。

可是现在呢，火车呜呜呜就开过来了，船也不再只是帆船，而是火轮了。近的四五天，远的个把月，也就都可以来了。

还有就是洋人，东洋的，西洋的，南洋的，也都往北京跑。这北京城的大车店、旅店，一家又一家地开起来，还是不够住。

北京城也比以前和善多了，内城可以住汉人了，城门也不再每天晚上都关上了，出门不小心冲撞了哪个贵人，也不用磕头了。

牟文卿看在眼里，喜在心头：这正是牟氏家族乘风而起的最好时机！

牟文卿有家祖传的饭馆——同和居，但也就售卖些寻常鲁菜，食客也多是短衫客，吃一碗面都要心疼好久的那种。就这样不痛不痒地经营下来，从他爷爷开始，到他已经三代了。

牟文卿用他几代人历练出来的眼光，发现现在正是同和居“大鹏一日同风起，扶摇直上九万里”的好时机后，就立即行动。半夜里，牟文卿在院子里榆树底下刨了半晚上，把从祖爷爷开始就积攒，到现在一分都没动过的银钱刨出来。第二天一早上，就找人重修铺面，又抽空回了趟山东老家，重金聘请了大厨，准备在北京城里大干一番。

同和居就在西四牌楼附近

但是，重新开业之后的同和居，来的还是老顾客，山东大厨精心烧制的菜肴，也少有人问津。这不是因为鲁菜在京城不流行，而是太流行了，几乎所有有名气的大饭店都是鲁菜，同和居要想在这么多鲁菜馆里杀出一条血路，谈何容易？

好在牟文卿这人还算心大，没有整日犯愁，依旧每天乐呵呵地开门营业。

牟文卿祖籍山东，他祖爷爷当年从山东来北京讨生活，这几辈子也没有断了和家乡的联系。因此，牟文卿这人既有山东人的豪爽和热情，也有京城人的精明和周到，凡是与他结交之人，没有一个不夸他既讲义气又会来事的。而且，牟文卿也颇有些古道热肠，交朋友不分高低贵贱，贵在交心，平日里看谁周转不开，也会大手一挥，主动接济。这不，宣统皇帝刚退位那年，有个菜农上门，想要往这里送菜，牟文卿看这人挺实在，就马上同意了，更可贵的是还没压价。再后来，这菜农经常送菜，两人也就混熟了，渐渐成了朋友。这时牟文卿才知道这菜农叫袁祥福，以前在紫禁城的御膳房当差，解职回家后，卖起了青菜。

这真是喜从天降啊！牟文卿登门拜访，多次恳请后，袁祥福终于被感动了，决定出山。袁祥福来到同和居，将在御膳房学到的绝技尽数施展，做了不少好菜。其中就有一道“三不粘”。这道菜以鸡蛋黄为主料，佐以绿豆粉和白糖，炒成后放入白瓷盘中，色泽金黄，分外好看；吃入口中，咸淡适中，鲜爽可口。由于它不粘盘子、筷子和牙，故称“三不粘”。

同和居的菜肴经过袁祥福的改良，马上大变样，上了不止一个档次。

一次，一位住在缸瓦市的清朝退位王爷，信步闲游走进了同和居，随意点了一盘三不粘。菜端上来一尝，王爷傻了，没想到这么不起眼的一个小馆子竟然能做出这么正宗的御膳，顿时喜形于色，大加赞赏。王爷一叫好，老百姓都来了兴趣，纷纷到此品尝三不粘。一传十，十传百，同和居的名字叫响了。

那时，京城的饭馆有八大堂、八大庄、八大居的说法。“堂”最大，比堂略小的叫“庄”，比“庄”小的则是“居”。但即使如此，“居”类的馆子也能应承整桌宴席，不是一般的小馆子可比。

当时，有很多名人喜欢同和居的饭菜，鲁迅先生也曾多次光顾同和居。1912 年 9 月，鲁迅先生同许寿裳、钱稻孙从什刹海归来，路过这里，在这里吃午饭。1932 年鲁迅再次到北京探母，其间在同和居会见了老朋友。

20 世纪 30 年代末，日本人来了，八大居之一的广和居停业，大部分厨师来到同和居，使同和居生意火红，名气越来越大，终于成为老北京饭馆八大居之首，也成了名噪一时的大馆子。

“王爷”挖祖坟

旧睿亲王府改建的庙宇

清朝的王公贵族所拥有的土地，基本上是清初跑马圈地从农民手中抢占来的。辛亥革命后，佃户们便趁机拒不交租，使王公贵族失去了巨额的地租收入。王公贵族既收不到租银，府中的开支又很大，只得变卖庄地。清朝时期，清政府对王公贵族有诸多限制，现在这些限制都没有了，王府的开支比在清朝时还大了。睿亲王魁斌在 1915 年去世之后，他两个儿子中铨、中铭花费巨资修建楼房、花园，每个房间都安上电话，又添了西餐厨房，出门不坐轿，而要坐马车、汽车。王府里预备下两辆汽车、八辆马车，家里还买了大量洋货，价格十分昂贵。两人如此挥霍，靠的是变卖家产。1919 年，兄弟二人卖掉了西郊的别墅，拿着钱去天津玩。不到十年，家里的东西就都卖光了，之后就开始典当房屋，后来又把祖坟墓园中的建筑和树林全都卖掉。中铨甚至要把自家祖坟里的陪葬品挖出来卖钱，因为和县衙门分赃不均，被人告发，被判了七年刑。

有来头的堂馆

虾米居

虾米居位于阜成门瓮城外，临护城河，是老北京有名的黄酒馆。因其临河，便于收取活虾，老板将欢蹦乱跳的虾米呈客人“验明正身”后烹饪成佐酒佳馐，故被老北京人称之为“虾米居”。

虾米居是家黄酒馆。黄酒馆，北京城里的人又称之为南酒馆，寓其“南来”之意，以区别于本地的大酒缸。

虾米居坐落在阜成门关厢。阜成门外有月坛，又有瓜市，从元朝开始直到民国，此门一直是京西门头沟斋堂的煤车进出要道，因此这里也是一处繁华所在。文人雅士游完月坛，往往要在虾米居小酌一番。

所谓黄酒馆的小酌，与大酒缸的猛灌是有区别的。大酒缸往往没有招牌，仅有一间门脸儿，一口盖着木头盖子的大酒缸下半截子埋在地里，上半截子就成了酒桌，边上摆一圈板凳。进大酒缸店门的，都是些穷汉，辛苦了一天，围坐在酒缸旁，也不讲究下酒菜，一把花生米，两条小熏鱼儿，三块豆腐干，喝上二三两烧心烧肺的二锅头，呼出一口熏天酒气，要的就是这爽快劲儿。

黄酒馆呢，则要高雅得多，多冠以轩、居、斋、馆之类的名号，陈设也有古韵味道。酒呢，讲究的是醇厚绵长，一开坛，酒香袭人，“一筑春色”。虾米居是黄酒馆的佼佼者，更有独到之处：后墙临护城河，开扇形、桃形、菱形之窗，倚窗远眺西山秀色，颇有情趣。这是夏天的美景。到了冬天的时候，则是红泥小炉，蜡影飘曳，另有一番情趣。

就连虾米居的堂倌老崔，也是一个雅人。据说这老崔也是颇有来头的人物，曾经也出入衙门大堂，风光得很。当然，老崔没有功名，只是一个师爷而已。

据说黄酒馆在北京城生根落户，也跟师爷有点儿关系。

黄酒，最著名的当然是绍兴花雕女儿红。早在宋朝，绍兴就已经家家酿酒。每当一户人家生了女孩，满月那天就选酒数坛，请人刻字彩绘以兆吉祥（通常会雕上各种花卉图案、人物鸟兽、山水亭榭等），然后泥封窖藏。待女儿长大出阁时，取出窖藏陈酒，请画匠在坛身上用油彩画出百戏，如八仙过海、龙凤呈祥、嫦娥奔月等，并配以吉祥如意、花好月圆的彩头，以酒款待贺客。因此这酒叫女儿红。如果女儿未出嫁而早殇，这些酒就叫作花雕。花雕即是“花凋”，意在纪念

明清时期，绍兴师爷几乎垄断了衙门里的师爷职位

花之早夭。

除黄酒外，绍兴还有一项特产，就是师爷。绍兴这地方，地少人多，人地矛盾突出。在明朝晚期的时候，这里人均就只有半亩地了。在亩产还不是很高的那个年代，人均半亩地，如何够吃？幸好，绍兴这里还有一项长处，就是文风鼎盛，家家户户都要读书。

到清朝，八股取士弊端多，做官的人大多不具备专业的技能，尤其是面对诉讼、财政等棘手问题的时候。于是，文化素养高、细密精干、善治案牍的绍兴师爷就脱颖而出，成为地方官的得力幕僚。绍兴师爷还讲究包括乡缘、血缘、师缘在内的亲缘关系。乡缘自然就是同乡之间相互提携。此外还有遍布各地的绍兴会馆，也成了绍兴师爷相互联络的重要工具，有的会馆还举办专门培养师爷的幕学训练班。父死子继、兄终弟及、儿女联姻等血缘关系，自然是师爷群体中最重要、最亲密、最有用的一种亲缘关系了。这种“彼此各通声气，招呼便利”的亲缘关系，是绍兴师爷群体形成、兴起、发展的重要原因。

就这样，绍兴师爷成为清政府衙门师爷的重要组成部分。

这天下衙门最多的地方是哪里？毫无疑问，自然是北京城了。此外，哪位官员外放地方官了，总不能巴巴跑去绍兴聘请一位师爷再去上任吧？去哪里聘请师爷最方便呢？当然也是北京了。于是，绍兴师爷在北京形成了一个很大的群体。

1917年的阜成门

这些绍兴师爷要喝酒，就不会去北京本地的大酒缸，只想喝家乡的黄酒，于是，黄酒馆就在北京兴起。师爷，当然要读书识字，平时除了学习刑名、钱谷之外，也要记一些诗词歌赋。于是，黄酒馆也就成了风雅之地了，深得文人雅士的青睐。

虾米居就是这样一家黄酒馆，而老崔就是一个绍兴师爷。

这老崔还有一桩怪事，就是满口绍兴话，不说京片子。这又是为什么呢？按理说，这些绍兴人定居京城，有的已经好几代了，口音为什么还不改呢？原来，他们是特意为之。绍兴师爷，已经成为一个著名的品牌，当官的请幕僚，首选绍兴师爷。但是，如果你说一口京片子，然后自我介绍说是绍兴人，谁信？于是，这些世代居住北京的绍兴师爷家族，就特意把绍兴话保留了下来。

老崔家世代是做师爷的，但到了老崔这辈儿，反倒去当堂倌，这是为什么呢？这事要从头说起，还得先提洋人的事情。

这洋人来了中国，是带着枪炮的。起初，这些洋人只在南方、沿海地方闹一闹，不想在庚子年间，八国联军杀进了北京城，把老佛爷和光绪爷吓得够呛，一溜烟儿跑到了西安，足足过了一年才敢回来。回来之后想着要变法，这次再不像是戊戌年间那样，一提变法人人喊打。

变法怎么变呢？先是裁撤衙门。光绪末年，清廷就相继裁撤了河东河道总督、詹事府、通政司、太常寺、太仆寺、光禄寺、鸿胪寺以及湖北、云南、广东等地的巡抚衙门，削减了一些重叠和虚设机构，各省也相应裁撤了不少衙门与人员。这就迫使大量绍兴师爷离开官场另谋出路。

同时，清廷开始废八股、停科举、兴学校、奖游学等，办学堂和出国留学蔚然成风。1911 年，全国各地兴办新式学堂达五万多所，有学生一百多万名。这些学生用在国外或新式学堂中学到的知识武装自己，逐渐取得政治舞台上的优势，从而极大地冲击并削弱了绍兴师爷在清朝政坛的地位和作用。绍兴师爷擅长的刑名和钱谷也被法律、经济、财政、会计、

阜成门的护城河

统计等学科取代，绍兴师爷彻底没落。

老崔从衙门里出来，没了活计，万般无奈之下，想到自己以前经常去的虾米居，一狠心就来这里做了堂倌。树挪死，人挪活，这堂倌虽然地位不高，跟以前当师爷时比起来差很远，但也算是自食其力。老崔这堂倌干得非常出色，以前在官场上练出来的察言观色能力、语言表达能力此时都能用得上，再加上对虾米居的主要客源——文人雅士的了解，老崔实在比目不识丁的堂倌要好太多了，好多客人点名要他来伺候，虾米居的生意居然更好了。因为时局变动，北京城里的黄酒馆都关门倒闭了，虾米居竟然成了仅存的黄酒馆之一，也算是得之桑榆吧。

老北京黄酒

绍兴的黄酒

老北京人称黄酒为南酒，因黄酒出自南方，也为南方人所钟爱，因此把黄酒馆也称为南酒店，以区分于本地的大酒缸。当年老北京的黄酒共有五种，有南黄酒、内黄酒、京黄酒、仿黄酒、西黄酒。南黄酒即南方来的黄酒，因绍兴黄酒最为有名，不论是南方哪个省酿造，都称之为绍兴黄酒；京黄酒即北京仿制的黄酒，因大多是在良乡酿造，也称之为良乡黄酒；西黄酒是山西所产，它与汾酒是山西人开的大酒缸的主打酒品；内黄酒与清宫有关，也被称为内府黄酒，可能是外省进贡的酒，而这种黄酒自清室退位后就已经绝迹。

京城第一美酒

柳泉居

柳泉居始建于明朝隆庆年间，地址在护国寺西口路东，是北京有名的黄酒馆。

说起老北京最早的酒馆，非柳泉居莫属。柳泉居始建于明朝隆庆年间，也就是 16 世纪 60 年代，距今已有四百多年的历史了。

柳泉居是一家黄酒馆，店址在护国寺西口路东，最初是由山东人出资开办的，店铺前边是三间门脸儿的店堂，店后有一个宽阔的院子。

柳泉居的黄酒是自酿的。据说当年柳泉居院内有一棵硕大的柳树，树下有一口泉眼井，井水清冽甘甜，店主正是用这清澈的泉水酿制黄酒，酒质清亮透明，味道醇厚，酒香四溢，喝起来绵软舒适，颇受饮者喜爱，清朝还有人写诗赞它：“饮得京黄酒，醉后也清香。”

柳泉居一开始只卖酒，也批发给商贩代卖，后来开始提供炒菜。柳泉居的下酒菜极富特色，有肴品如糟鱼、松花、醉蟹，肉干、蔬菜、下酒干鲜果品悉备。在清朝，柳泉居连同三合居、仙露居一并被称为酒馆中的“京城名三居”。

但是到了民国时期，京城三居就仅存柳泉居一家了。

柳泉居的招牌，来历尤为不凡，据说出自明朝奸相严嵩的手笔。

严嵩是明朝著名的权臣，擅专国政达二十年之久。《明史》把严嵩列为明朝六大奸臣之一，说他无甚才略，“惟一意媚上，窃权罔利”。

严嵩进入官场时，正值明世宗嘉靖皇帝在位。嘉靖皇帝

沉迷道教，整日潜心研究长生不老之术，对政事漠不关心，朝中事务皆交由朝臣处理。

当时礼部尚书夏言是嘉靖皇帝的宠臣，又是严嵩的同乡，于是严嵩拼命讨好夏言。后来夏言担任首辅，严嵩也升了官，成为南京礼部尚书，两年后改为南京吏部尚书。

1536 年，严嵩赴京朝觐，被嘉靖皇帝看中，就留在北京担任礼部尚书兼翰林院学士。由于嘉靖皇帝对议礼特别重视，礼部尚书在部院大臣中地位尤其显赫，所以，这一职位往往被视为进入内阁的阶梯。

严嵩性格阴柔无耻，而夏言刚直，从一件小事上就可以

北京护国寺金刚殿。护国寺位于北京西城，有规模盛大的庙会，是老北京商业中心之一

看出来。有一次嘉靖皇帝赏赐大臣们沉香水叶冠。这种帽子是道士们戴的，夏言从不去戴；可是严嵩呢，不但每次上朝都会戴这帽子，回家之后还特地用轻纱笼住，怕进灰。嘉靖皇帝因此越来越喜欢严嵩，越来越讨厌夏言。不久后，严嵩晋升为太子太傅，羽翼已丰，开始攻击夏言，最终，夏言被弃市处死。严嵩则登上了内阁首辅之位。

由于嘉靖皇帝崇道，严嵩为了媚上，真可谓全力以赴，不计成本。道教举行斋醮仪式时，要写奏章祝文，也就是青词。自从严嵩担任首辅后，只要不是严嵩写的青词，嘉靖皇帝就会觉得不满意。而严嵩为了撰写好青词，更是倾注了很

北京黄酒味道香醇，别有特色

大的精力，有时甚至废寝忘食。

1550年，蒙古土默特部首领俺答汗带兵攻到北京城外，在城郊大肆杀掠，而身为首辅的严嵩，此时竟不顾国家安危和百姓死活，还在专心致志地写青词。有将军提出抗敌之策，去拜见严嵩，严嵩竟然忙着写青词，拒不接见，也就难怪人们嘲讽他是“青词宰相”了。

写青词自然要有好的书法，严嵩也确实是以书法闻名于当世的。比如顺天府乡试的贡院大殿匾额上的“至公堂”三个大字，就是严嵩所写。乾隆皇帝曾经想把它换掉，就命满朝书法好的官员写这三个大字，他自己也写了几遍，然而他发现，自己书写的字和其他人书写的字，都不如严嵩，只好作罢，仍然让严嵩的字挂在那里。

到了嘉靖晚年，有个道士蓝道行以善于扶乩闻名于京城，严嵩的政敌徐阶就将蓝道行介绍给嘉靖皇帝。有一天，蓝道行在扶乩时称“今日有奸臣奏事”，刚好严嵩路过。于是嘉靖也开始怀疑严嵩是奸臣了。徐阶得到这个消息后，就嘱咐御史弹劾严嵩，嘉靖皇帝决定惩处严嵩。其子严世蕃被判斩首，而严嵩则被没收家产，削官还乡。

此时严嵩已经八十多岁，贫苦交加，无处容身，只能寄居在一座关帝庙里，以乞讨为生。京城的老百姓对他非常痛恨，根本不愿意救济他。有一天，又饿又累的严嵩来到了柳泉居，再也走不动了，便央求店主人给他喝口酒，吃点儿菜。

严嵩

掌柜早认出了他就是严嵩，知道他写得一手好字，便取来笔墨纸砚说道："给你酒喝可以，你得给我这小店题个字。"严嵩稍加思索，凝神定气题写了"柳泉居"三个字。

不久之后，严嵩便饿死街头，终年八十七岁，死时既无棺木下葬，更没有前去吊唁的人。而"柳泉居"则因为他的题字而声名大噪，成为京城有名的黄酒馆，一直开了四百多年。

六必居的“金字招牌”

民国时期六必居的店庆合影

六必居酱园店在北京前门粮食店街3号，相传创立于明朝中叶。六必居原是山西临汾人赵存仁、赵存义、赵存礼兄弟开办的小店铺，专卖柴米油盐。俗话说:“开门七件事，柴、米、油、盐、酱、醋、茶。”这七件是人们日常生活必不可少的。赵氏兄弟的小店铺，因为不卖茶，就起名六必居。六必居店堂里悬挂的“六必居”金字大匾，也是出自严嵩之手。此匾虽数遭劫难，仍保存完好。1900年八国联军侵华时期，前门外遭火，六必居也被殃及，店里的一个伙计冒生命危险从浓烟中把大匾抢救出来，藏在西打磨厂街的临汾会馆。战乱平息后，东家返回店中，得知大匾幸存，喜极而泣，特意提拔了该名伙计。

世袭掌柜

东兴楼

东安门大街路北的东兴楼饭庄，创立于 1902 年，被同行誉为“八大楼”之首，是老北京知名的大饭庄。

1901 年 9 月 7 日，清廷签了《辛丑条约》，同意按当时中国人口数量赔款四亿五千万两白银，八国联军这才撤兵。

一个来月之后，在西安住了一年多的慈禧，决定回北京。1901 年 10 月 6 日，慈禧从西安出发，花了整整三个月，于 1902 年 1 月 8 日到达北京。

这时的北京城一眼望去满是破败景象。慈禧太后回到宫中，也是满目疮痍，就连皇帝的宝座，也不知道被多少八国联军士兵踩踏。

故宫内大量历史文物惨遭毁坏和掠夺。翰林院所藏《永乐大典》，几乎全部散失，其他经史子集等珍本图书，一共

慈禧从西安回北京时的浩大景象

损失四万多册。经过这次洗劫，中国“自元、明以来之积蓄，上自典章文物，下至国宝奇珍，扫地遂尽”。

有一个刘姓官员，本来是负责管理宫中书籍的，现在也没事干了。这刘某就开始琢磨：这大清朝眼看撑不了多久了，是该给自己找条后路了。但是干什么好呢？当然是开饭馆了，俗话说“民以食为天”，就算真的改朝换代了，也不能不吃饭吧。饭馆要卖什么菜呢？当然是鲁菜了，清朝以来，老北京的餐饮一直以鲁菜为尊。

想好了项目，就开始找资金。北京城里谁最有钱？自然是皇室贵族。除此之外，就要数放印子钱的，也就是放高利贷的。这放印子钱的差事，一般有点儿心肠的人都干不了：放钱十吊，以一月为期，每月二分行息，合计一月间本利共为十吊零二百文。再以三十日除之，每日应还本利钱为三百四十文。因为每次归还都要在折子上盖一印记，所以人们就把它叫作“印子钱”。

敢放印子钱的人，在街面上人头比较熟，手底下通常都有一批地痞无赖，否则“那些穷鬼们撒泼耍赖不还钱”，怎么办？再说，有放印子钱的罩着，也不怕那些“嘎杂光棍”来闹事。恰好刘某就认识这么一位放印子钱的何姓大财主。这何姓大财主，虽然算是有钱有势之人，但是名声不好，社会地位不高，也早就想向上攀高枝儿。于是两人一拍即合，决定一起饭馆。

但是，这两人都对开饭馆一窍不通，怎么办？不怕，偌大个北京城，还怕没有能人？两人合计了很久，终于敲定了一个合适人选，就是安树塘。这安树塘出身官宦家庭，精明强干，深通经营之道，却又为人忠厚敦诚。这出身官宦世家是很重要的一点，因为这馆子要走高端路线，只有了解官宦贵族的心理、习惯和这类人打交道的人，才能胜任。

敲定了人选，这两人就把契约一签，把钱往安树塘这里一搁，撒手不管了。倒不是这两人对安树塘有多放心，一来这两人对开饭馆确实不懂，二来他们也不怕安树塘使坏，也不认为安树塘能坏过他们，再说，刘某有白道上的势力，何

东安门大街

某有黑道上的实力，还怕安树塘翻天?

这种经营形式叫领东，也就是领取他人资本经营商铺的意思。这与东家聘请掌柜形式还不一样，东家聘请掌柜的，自己也是要参与经营的，但是领东呢，就是资方万事不管，只管分钱。

这安树塘也确实是个有本事的人，很快就在东安门大街路北踅摸了一所颇有韵味的大宅院，前出廊，后出厦，占地颇大，还有小花园矗立，而且西临东华门、南池子、北池子，东临王府井，虽地处繁华的商业区，却又相当安静。那些达官贵人来这里非但不会觉得掉价，反而有亲切之感。

东安门

接着，又延请有名的书法家"长白钟兰"撰写了"东兴楼"金字招牌。

在过春节不久之后，"东兴楼"就热热闹闹地开业了。

开业那天，安树塘对两位东家说："吉时开业，东兴楼占了'天时'；地近皇宫，既通繁华街道，又得清静幽雅，文武上朝，必经此地，东兴楼占了'地利'；可天时不如地利，地利又不如人和。这'人和'二字——二位东家放心——就看小弟我的手段了。"

果然，这安树塘兢兢业业，一心要把这饭馆经营好，每天第一个来店里，晚上一定要等大伙忙活完，道了辛苦，才肯离去。逢年过节，总要携带礼物，到各位大师傅家中请安。如安树塘仅有这些手段，那也只能算是勤勉，算不上出奇。但安树塘的本事远不止于此，他制定实施了一系列制度，在今天看来都算不上落后。安树塘有一套严格的晋升制度，按照资历和能力逐级晋升，单说炒菜的师傅，便分为头火、二火、三火、四火等。全店一百四十多名店员中，有三十多名骨干，都有"身股"（俗称吃买卖的）。即便是幼年学徒，一进门每月管饭，还可以拿到不少钱。而当时各行各业的学徒，有的要交学费，即便是不交，也要给师傅免费干三年。因此当时有句顺口溜："吃着东兴楼，娶个媳妇不发愁。"

安树塘在开业之初所说的"人和"，果然也给占了。

作为饭馆，最重要的当然还是菜。安树塘经常说："店要好，菜先好；菜要好，料先好；做菜一分一毫不能凑合。”这个理念贯穿了东兴楼的整个流程，那些燕窝、银耳、鱼翅、海参等大菜就不消说了，自然是精选料，精烹调，就是一个普通的砂锅豆腐，不仅要浓汤煨，还要加上火腿、鸡、虾和玉兰片等。

如此这般，东兴楼自然是生意好得不得了，门前车马不绝，一派繁荣。到了年底一算，这一年的纯利就达四五万两，而刘、何两位东家当初投资的本金仅仅为三万两。

安树塘在东兴楼整整干了三十五年，直到 1937 年去世。

这三十五年中，东兴楼成为老北京鼎鼎大名的八大楼之首，甚至名声传到了海外。据说甚至有日本人来到北京，拿着东兴楼的照片，按图索骥，来这里一尝究竟。

安树塘死后，东兴楼新的当家人叫安跃东，是安树塘的儿子。安跃东虽然从小被安树塘耳提面命，悉心培养，从东兴楼伙计做起，一直做到掌柜的，但实际上他游手好闲，眼高手低，远远没有其父的风采。安跃东掌了实权后，一改安树塘的作风，不再早起晚归了，不再精研菜品了，却是一时兴起，又买房又盖礼堂，心思都花在了别处，对饭馆的根本——菜品质量的把控，却有些松懈了。自然，口舌挑剔的老北京人不会给安跃东面子，老顾客觉得不对味了，不会再来了，新顾客觉得没那么好吃，也不会再来了，东兴楼的生意一落千丈。

1944年9月的时候，东家声称要清理内部，清点财产，借机就停业了。安跃东短短几年，把一家驰名海内外的大饭馆生生给折腾没了。

筒子河

金水河上的大理石桥

筒子河也叫金水河，是北京紫禁城的护城河。紫禁城护城河之所以叫筒子河，大概是其连接处都是圆形暗道的缘故。明永乐年间改建北京城时，就在紫禁城外开凿了护城河。明朝的筒子河只围绕紫禁城东、北、西三面，分别称为东华门筒子河、玄武门北筒子河、西华门筒子河。到了清朝的乾隆年间，将午门右边的河水，从西华门外石板桥下面的暗沟引入西华门，由午门前面石板道下的暗沟引向东流，经东华门石板道下面暗沟流入太庙（今劳动人民文化宫）。这条暗沟定名为午门暗筒子河。筒子河以神武门、午门为东西轴线，东华门、西华门为为南北轴线，划为西北、东北、西南、东南四部分。东华门、西华门和神武门门前路面下各有圆形暗道将四部分连通。

孟小冬拜师

泰丰楼

泰丰楼的创始人是山东海阴孙氏，原址在前门外煤市街 1 号，是名噪京都的“八大楼”之一。泰丰楼后来几经转手，但字号、风味一直没变，一直在老北京食客中享有盛誉。

1930年，天津《大公报》第一版登了一则启事，其中有一段内容是这样的：“冬当时年岁幼稚，世故不熟，一切皆听介绍人主持。名定兼祧，尽人皆知。乃兰芳含糊其事，于祧母去世之日，不能实践前言，致名分顿失保障，毅然与兰芳脱离家庭关系。是我负人，抑人负我？世间自有公论，不待冬之赘言。”愤懑之情溢于字里行间，而且这启事连登三日，更可窥见登启事之人的心境。

见此消息，知道缘由的人不禁连连叹息。登消息的是有“冬皇”之称的孟小冬，而启事中的“兰芳”，指的正是梅兰芳。梅兰芳与孟小冬这一对神仙眷侣，不仅郎才女貌，更兼郎貌女才，是当年轰动一时的明星夫妇，两人一举一动皆被当时的各个报纸争相报道。恩爱往事犹在眼前，可短短几年，两人之间竟闹到这般地步，怎能不让那些票友戏迷唏嘘不已？

孟小冬登这启事，好比破釜沉舟，斩断了一切与梅兰芳复合的可能。事已至此，两人之间谁是谁非，确实“不待赘言”，孟小冬也开始隐居津门，养情伤。

几年之后，孟小冬的心情逐渐平复，又扔不下唱了半辈子的戏，于是就再出山了。此次出山，孟小冬想在技艺上更进一层，到处虚心求教。但是，以孟小冬当时的江湖地位，能教她的人已经不多了，当时名望在她之上的一派宗师，唯有余叔岩。当时代表老生、武生、旦角最高艺术水平的有三个人，分别是余叔岩、杨小楼以及梅兰芳。对于唱老生的孟

小冬来说，余叔岩就是她需要仰望的一座山。

但是，这次拜师却注定要有波折。这是为何呢？原来余叔岩与梅兰芳曾经是好友，多次同台演出，后来由于旁人挑拨，已经有几年不来往了。1930 年的一次义演上，梅、余合作演出《打渔杀家》，那是他们最后一次合作。此时，他收梅兰芳“弃妇”为徒弟，那是不太合适的。还有就是，那时男女授受不亲的观念依旧很顽固，男老师，女弟子，教戏时自然免不了要有肢体接触，会遭人非议。

幸好，孟小冬的一个朋友杨梧山，恰好也是余叔岩的朋

年轻时期的余叔岩

友。这杨梧山乃是资深票友，又很热心，与各个京剧名家多有接触，曾经帮助过不少人。当年余叔岩在上海滩演出，人生地不熟，被黄金荣等人刁难，正是杨梧山出面解决的。因此，这样的圈内人，同时认识他们两个，自然也不是什么奇怪的事情。

于是，孟小冬找上杨梧山，把这事拜托给他，杨梧山一口应下。没几日，杨梧山找了一个机会，在前门外煤市街的泰丰楼摆了一桌，邀请余叔岩、孟小冬以及其他好友一同赴宴。余叔岩不明就里，欣然前往。

这泰丰楼，是老北京有名的“八大楼”之一，专做鲁菜，外观并不起眼，然里面极宽敞，有房百余间，可同时开席面六十多桌，为南城之最。名菜有砂锅鱼翅、烩乌鱼蛋、葱烧海参、酱汁鱼、锅烧鸡等，尤以“一品锅”最为著名。

泰丰楼创办人是山东海阴孙氏，清末，孙氏又将泰丰楼兑给了他的老乡孙永利和朱百平两个人。而后几经周转，由孙壁光将泰丰楼买下来，当了东家。孙壁光选派王继唐、吴中山承办泰丰楼的全部业务。虽然几经易主，然字号与风味一直没变，信誉显卓。在泰丰楼摆一桌，绝对是特别给客人长面子的事情。

余叔岩也很喜欢泰丰楼的菜，招待亲朋好友，总要在这里开个席面。

宾主就座后，先是寒暄，后是举杯，趁酒酣耳热之机，

杨梧山就提议孟小冬来一段。孟小冬也不扭捏，款款起身，先一个亮相，接着就开嗓了，唱的正是余叔岩拿手的《捉放曹》。

余叔岩见孟小冬，每一句唱词、每一个动作，一板一眼、一招一式，果然是形神皆备，倍显功力，嘴角不由得露出一丝微笑。

显然，孟小冬的天赋和才艺，已经征服了余叔岩。唱完一段之后，人们犹沉浸在余味之中，杨梧山“图穷匕见”，提出了让孟小冬拜余叔岩为师。

余叔岩已经动心了，也就袒露心思，把自己顾虑梅兰芳会有意见的事情说出来。但席间马上有人说：“那好办，请兰芳出来说句话，保证不吃醋、不干涉，行吗？”此刻满座哄笑，余叔岩连连摆手，又说道：“慢来慢来，男教师收女徒，教学练功时难免搀手扶肩，诸多不便，人言可畏啊！”这时杨梧山插话说：“原来你不是重男轻女，而是生怕男女授受不亲啊！那好办，你的二位女公子不是都喜欢戏吗？小冬学戏时，请慧文、慧清（余叔岩女儿名）陪学，如此这般，外人能说什么呢？”大家都说，是个好主意，余叔岩一时语塞，不便再拒。

杨梧山见此，知道火候已经恰到好处了，就把话题岔开，说些风花雪月的事情了。

自此以后，孟小冬但凡没有演出，就时常来杨宅走动，

孟小冬

碰到余叔岩精神好的时候也来杨宅坐坐。孟小冬这时虽然已是名角，但她十分谦虚，又颇谙人情世故，和余家上上下下、大大小小相处甚好。

孟小冬虽然还没有正式地、系统地跟余叔岩学戏，但余叔岩没有反对，就算是默认这师徒关系了。原来，旧时梨园有个规矩，若是没有得到授权，学习者就是将别人的技法学得再出神入化，也不能把这些技法用在舞台上，否则就是侵权，会受到业界声讨。而这种授权的方式就是正式拜师。余叔岩的默认，让孟小冬可以光明正大地学习余派艺术了。从此，孟小冬如饥似渴地学习余派的身段、动作，甚至得到了余叔岩几十年的老搭档鲍吉祥的教授，进步神速。

虽然已经有了半明半暗的师徒关系，但正式拜师是在几年之后了。1938 年的一天，余叔岩在泰丰楼开席，正式收李少春为徒。隔了一天，余叔岩又在泰丰楼补了两桌酒席，正式对外宣布了与孟小冬的师徒关系。

有了名分之后，余叔岩对孟小冬倾囊以授。在五年时间里，余叔岩专门为孟小冬说过近十出戏的全剧。

1943 年，余叔岩因患膀胱癌不幸病逝。孟小冬伤心不已，写了一副长长的挽联以悼恩师："清才承世业，上苑知名，自从艺术寝衰，耳食孰能传曲学；弱质感飘零，程门执贽，独惜薪传未了，心哀无以报恩师。"

余叔岩去世之时，正值北平处于日伪统治时期，为了不给日伪唱戏，孟小冬以"为师新丧三年"为由，正式宣布告别舞台，又一次开始了隐居生活。

无匾不恕

提起京城店铺的匾额，曾有“无匾不恕”之说，这个“恕”指的是冯恕。冯恕是光绪年间进士，曾任大清海军部军枢司司长、海军协都统。他是当时著名的书法家，以颜体著称。晚年他定居北京，一度为生活所迫，不得不鬻字谋生，除为人写牌匾外，也写对联、墓志及扇面等。因此，北京很多店铺商号的匾额都出自其手，相传他曾给三十多家商铺题写过匾额，这些店铺至今尚存的有“张一元”“同和居”“福兴居”“仁德茶庄”和“中华大药房”。“张一元茶庄”和“张一元”两块匾额，落款为其字“公度”。后来，“张一元”茶庄被更名为“闽春茶庄”，冯恕所题匾额被替换下来，现收藏于首都博物馆。

冯恕

南北合流

致美斋

致美斋位于前门外煤市街，初时是一家点心铺，后成为北京有名的饭庄。

老北京的饭馆，以鲁菜为主，比如八大楼，大部分是鲁菜，唯有属于八大楼之一的致美斋，先经营姑苏菜，后经营鲁菜，融合了南北风味，成为京城一绝，曾有一段时间位居八大楼之首。

在老北京，饭馆都叫堂、楼、居或轩，比如聚贤堂、泰丰楼、福兴居、来今雨轩等，都是有名的老饭馆。叫斋的，通常都是点心铺，致美斋原本就是一家点心铺，以姑苏风味为主，萝卜丝饼、焖炉火烧和双馅馄饨最为出名。老北京的点心，大致有南北两种风味，或者可以说是满汉两种风味。满族的饽饽，主要代表是萨其马、核桃酥等，最有名的老北

晚清时期老北京的一家饽饽铺

京饽饽铺是正明斋。汉式点心，主要是姑苏风味，比如赫赫有名的稻香村，原名叫“苏州稻香村茶食店”，自然也是姑苏风味的。

那时候的满式饽饽，有个特点，就是硬。马三立有个相声《核桃酥》，说一个人买了核桃酥不小心掉到马路上，结果被车轧了也没碎，反而被轧进马路中去了，用撬棍没撬出来，最后用江米条撬出来了。这段相声虽然有些夸张，但是形象地说明了满式饽饽的特点。那时候，每三年一次的科举举行时，会有大量的南方举子来到北京。这些南方人自然吃不惯满式饽饽，于是经营姑苏风味的致美斋点心铺就应运而生。而且，致美斋的月饼，尤为出名。晚清文人富察敦崇在《燕京岁时记》中说：“中秋月饼，以前门致美斋者为京都第一，他处不足食也。至供月月饼，到处皆有，大者尺余，上绘月宫蟾兔之形。有祭毕而食者，有留至除夕而食者，谓之团圆饼。”

致美斋后来由点心铺变成了饭庄。致美斋的地址在大栅栏煤市街。这煤市街在那时是有名的美食街，除了致美斋，还有泰丰楼等著名饭店也在这里。致美斋变为饭庄之后，以“集南北烹调之表、汇御膳民食之萃”而名噪一时，特别是御厨景启的加入，更是让致美斋成为当时最有名的饭庄。

这景启是个颇有传奇色彩的御厨。相传有一年乾隆皇帝下江南回京后，因劳碌而体质虚弱。景启便选用鸡脯肉、海参、黄鳝等制成一道“鸡米锁双龙”让乾隆品尝。乾隆看见盘子四周用雪白的鸡肉片围边，中间是黄红相间亮灿灿的海参和鳝段，特别好看，同时，这道菜香气扑鼻，便询问菜名的由来。景启回答说:“鸡丁又称鸡米，海参和黄鳝俗称双龙，天子乃真龙下界，年号又带龙音，中间用锁以求大清朝江山万万年。”乾隆吃了“鸡米锁双龙”后，当即赐予景启三品顶戴，赏银五百两。后来景启出宫到致美斋掌头灶，也把这道御膳带到了致美斋。

即便是再长盛不衰的饭店，也会出现低谷。大概是在清

故宫御膳房

末民初的时候，由于政局不稳，之前在这里吃饭的老主顾流失了，又没能开拓新的客源，致美斋陷入举步维艰的境地。不得已，老板就把致美斋卖掉，买主是李氏、杨氏、张氏三位山东人。当时北京最流行的菜系就是鲁菜，北京最知名的饭店“八大楼”“八大居”大多数经营的是鲁菜，李氏、杨氏、张氏这三个人都有一手烧制鲁菜的好手艺，三位店主通力合作，苦心经营，加之厨师阵容齐全、技术精湛，开发出了一批具有特色的菜肴。

当时致美斋的名菜首推“四做鱼”：“头尾皆红烧，酱炙中段，余或炸炒，或醋熘、糟熘。”“四做”分别是：红烧鱼头、糖醋瓦块、酱汁中段、糟熘鱼片。一鱼做成四味鱼馔，色香味各个不同，被誉为看家菜。鱼头红烧，贵在鲜而不腥；糖醋瓦块，将鱼片切成方块，先炸后烧，味兼甜咸，形如瓦块；酱汁中段，是用鱼身肉厚部位烹制，上浇甜酱浓汁，味道醇美；糟溜鱼片，则一色纯白，糟味香浓，鲜嫩异常。

致美斋的西院院内有一硕大长方形木质鱼盆，鱼在水中畅游。食客点了四做鱼，伙计就从盆中捞出一条分量合适的鱼，请顾客当场验看是否新鲜，等顾客点头之后，伙计“啪”地把鱼向地上摔死，然后送往厨房烹制。这一摔表明：就是拿这鱼做菜，决不更换，以示信誉。老北京人把这叫作“仪注”。

致美斋的生意很快就好起来，日日座无虚席。于是致美

致美斋的力巴在送菜

斋就在店面的对面新开一个二层小楼，就叫致美楼，也用来接待客人。梁实秋先生在《锅烧鸡》一文中对致美楼有这样一番记载："（致美斋）店坐落在煤市街，坐东面西，楼上相当宽敞，全是散座。因生意鼎盛，在对面一个非常细窄的尽头开辟出一个致美楼，楼上楼下全是雅座。但是厨房还是路东的致美斋的老厨房，做好了菜由小力巴提着盒子送过街。"

20 世纪 30 年代初，致美斋的生意还挺好，但是到了日军侵华时期，市面萧条，致美斋的生意也一落千丈，只能勉强维持。抗日战争胜利之后，国民党比起日本侵略者也不遑多让，于是致美斋也不能重新兴旺起来，终于倒闭。

正明斋

正明斋与都一处也是邻居

1864年，山东掖县（现山东省莱州市）人孙学仁于前门外煤市街开设了正明斋饽饽铺，是北京著名的老字号。正明斋物美价廉，远近闻名，全盛时期在京城曾开有七家分号。正明斋的玫瑰饼享誉京城，被列入宫廷细点。20世纪30年代张学良居京时，就喜欢吃玫瑰饼，常派副官到正明斋来定做、采买。正明斋的萨其马在京城也极为出名。萨其马是满语的音译，原意是“狗奶子蘸糖”。因东北有一种野生浆果，以形似狗奶子得名，最初用它做萨其马的果料，入关以后，逐渐被葡萄干、山楂糕、青梅、瓜子仁等取代，而狗奶子就鲜为人知了。萨其马也是源于清朝关外三陵祭祀的祭品之一。

聚宝盆

会贤堂

什刹海前海北沿的会贤堂，开业于 19 世纪 90 年代左右，是京城有名的饭庄。这里曾是文人墨客聚会的场所，也是开堂会的场所之一。

北京城里的王公贵族、官僚士大夫，通常很少在家延请名厨，豢养的家厨只能做一些日常饮食，如果有应酬往来，比如各省各科团拜、皇室大典或各种喜庆宴会等，都要讲究吃庄子。无论是喜庆大事还是家庭小宴，他们都愿意在饭庄举行。饭庄包办筵席、铺陈、戏剧，力求使雇主满意。

北京城里的饭庄，有“冷庄子”和“热庄子”的区别。冷庄子就是平时不卖散客，只是开开大门，接待下订座的客人。有婚嫁、庆寿、弥月、拜师、开吊等需求的客人，谈妥日子、席面、桌数，到期生火，临时找厨子。由于平时灶是冷的，所以叫“冷庄子”。而“热庄子”，则门前高挂“午用果酌，随意小吃”的牌子，客人在此处小宴、请客、说事，比饭馆清静，叫姑娘、抽鸦片，也比较方便。通常来说，“热

来福寿堂的客人，基本上都要坐黄包车

庄子”比“冷庄子”较为上档次一些。名字叫得响的饭庄，基本上都是热庄子。

饭庄通堂以“堂”字号规模最大，老北京饭庄较著名的有“十大堂”，包括金鱼胡同的福寿堂、东黄城根的隆丰堂、西单报子街的聚贤堂等十家。

这些饭庄一般要有两三进四合院，几十间房屋，同时能摆开八人一桌的五六十桌席面。房间陈设要雅致，餐具要考究，菜品要精美，此外还要设戏台。

比如什刹海北岸的会贤堂，占地近三千平方米，建筑面积约一千八百平方米，前后两层院落，西跨院设有戏台，共有戏台、瓦房、平房一百余间，可供数百人会餐、观戏。再比如前门外打磨厂街的福寿堂，前门在打磨厂，后门在后河沿，四合院有四五进，并建有戏台，可容几百人看戏。八国联军侵华之后的第二年，西班牙人雷玛斯带着机器和电影胶片，租借了福寿堂饭庄的场地放映了三部影片——《黑人吃西瓜》《脚踏车赛跑车》《马由墙壁直上屋顶》，以推广“西洋影戏”（即电影）。这是北京首次放映电影。民国初年，一位富商也在福寿堂办寿筵，请杨小楼、王瑶卿、梅兰芳、荀慧生等不少京剧名角，从中午一直唱到夜里三点，盛况空前。由此可见这些饭庄的规模之大。

这些“堂”字号的大饭庄多分布在府邸、大宅门的聚集区。如隆丰堂专做王公府第买卖，各府阿哥以及管事官员小聚玩

乐多在隆丰堂饭庄；庆和堂专做内务府司官买卖，司官们下值大都要到庆和堂聚会，商量公私事项。比如“八大堂”里唯一一家保留至今的惠丰堂，在清朝末年的时候，慈禧太后曾经赏过他们宫廷供奉，九门提督江朝宗是这里的常客，到了民国，段祺瑞、张勋等也常来此赴宴观戏。

这些“堂”字号饭庄，不仅规模大，菜肴也各有特色。比如庆和堂的桂花皮炸，是用猪脊背上三寸宽的一条肉，去毛，然后用花生油炸到起泡，捞出沥干，晒透，放到坛子里密封，来年再用。吃的时候，先把炸好的肉皮用温水洗净，用高汤泡软，切细丝下锅，加佐料爆炒，打好鸡蛋一浇，撒上火腿末。据说松软可口，香不腻口，而且第一回吃的人大多猜不出是什么东西做的。

比如福寿堂的翠盖鱼翅，是选用上品小排翅，发好，用鸡汤文火清炖，到了火候，用大个紫鲍、云腿，连同油鸡（仅要撂下的鸡皮），用新鲜荷叶一块包起来，放好佐料烧。大约两个小时，再换新荷叶盖在上面，上笼屉蒸二十分钟起锅，再把荷叶扔掉，另用绿荷叶盖在菜上上桌，所以叫翠盖鱼翅。鱼翅是个借味儿的菜，鲍鱼、火腿的鲜味都被吸收进去，鸡油又比普通油脂细滑，再以荷叶的清新来解腻，搭配合理，回味无穷，遂成为一时的名菜。

但要说这些饭庄里哪道菜最有名，那得说是会贤堂的“冰碗儿”了。

会贤堂在什刹海有十亩荷塘，遍种河鲜菱藕，所产的莲子、菱角等鲜货集合在一起，做成一种特有的小点心——冰碗儿。把白藕切片、鲜莲子、鲜菱角、鲜鸡头米拌在一起，在碗里用碎冰镇上，再撒上白糖、去皮的鲜核桃仁、鲜杏仁、鲜榛子，最后配上几颗榅桲，冰凉可口。

这冰碗儿入口清香，冰凉爽口，虽然别具匠心，但若要说它在北京城里独占鳌头，却未必见得。为何冰碗儿会有这么大名头？这其中是有故事的。

那时候北京城里有个名流，叫熊希龄，湖南人氏，号称“湖南神童”，十五岁中秀才，二十二岁中举人，二十五岁中进士，做过翰林，当过考察宪政五大臣出洋的参赞。武昌起义时到上海因拥护袁世凯有功，出任北洋政府财政总长和热河都统。

1917 年夏，河北境内大雨连绵，山洪暴涨，京畿一带一百余县受灾，灾民超过六百万人。在天津“隐居”的熊希龄，寓所也被吞没。

熊希龄目睹此景，立刻奔赴北京，向中国银行公会求助，筹得捐款万余元，购买粮食运到天津赈灾。同时，他又向政府提出赈灾的建议，极力主张筹款，赈济灾区所有饥民。国务会讨论之后，阁员们一致认为：除非由熊希龄出来主赈，方可施行。政府方面试图借机逼他重回部门任职，熊希龄也担心自己不出来主赈，政府不做决定，“则此数百万之饥民，

民国时期的慈善家熊希龄

无有全活希望”，“遂不得不勉为其难”。

赈灾必须有钱，可北洋政府财源枯竭，代总统冯国璋只命财政部拨出有限的款项交熊希龄赈济灾民。熊希龄决定广集民间社会资力，以补官款不足。

熊希龄首先以身作则，先捐了几百现洋，又命家中女眷缝制棉衣一百套，捐给难民。

熊希龄还在会贤堂发起集会，与会的有当时财政界的诸多名流，如曹汝霖、梁士诒、周自齐、夏仁虎，都是被当时称为“财神”的大员。这些“财神”吃了熊希龄宴请的冰碗儿，不得不大出血，捐了大笔钱财。当时人们说，这次财神大聚会都是这“聚宝盆”给拘来的，这“聚宝盆”，就是冰碗儿。

此后，这冰碗儿的名声就传遍了北京城，而熊希龄也在慈善的道路上越走越远，1928 年出任国民政府赈务委员会委员，1932 年任世界红十字会中华总会会长，1937 年卢沟桥事件爆发后，熊希龄在上海与红十字会的同仁合力设立伤兵医院和难民收容所，收容伤兵、救济难民。京沪沦陷后，熊希龄赴香港为难民、伤兵募捐。他不辞劳苦，为国奔波，不幸在香港病逝，享年 68 岁。

毁家纾难

因为战乱和天灾，许多幼弱儿童无家可归。熊希龄动用各种资源，征集善资，建立香山慈幼院。他用自己的人格精神和工作实绩，得到了公私各方的支持。他自任院长以来，收养了许多无家可归的孤儿，又邀请蒋梦麟、胡适、李大钊、张伯苓等当时著名的教育家，帮助慈幼院办教育。他推行学校、家庭、社会“三合一”的教育体制，曾主办婴儿教保院、幼儿园、小学、中学、师范、职业学校等多种慈善实体。最让人感动的是，他将个人所有的资产全数捐献社会，在北京、天津、湖南开办十二项慈幼事业，总计大洋二十七万五千元，白银六万二千两。沈从文也曾在香山慈幼院工作过。

熊希龄与香山慈幼院师生合影

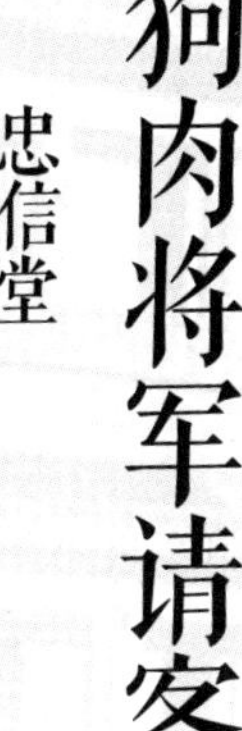

狗肉将军请客

忠信堂

西长安街是饭庄集中地，由西单十字路口往东到六部口，短短一华里长的路上，就有大陆春、新路春、春园、同春园、淮扬春、庆林春、忠信堂、五族饭店、西来顺、西黔阳、西安饭店、长安食堂等十二三家饭庄。这其中的忠信堂，也是一家有名的老饭庄。

民国时期的将军，大多是各个军校出来的，比如保定的陆军军官学校、黄埔军校，以及各省讲武学堂；也有一部分是出国留学回来的，主要留学国家是日本；还有少数人出身土匪流氓，是靠实力打上来的，这类人大多特别横。比如有一个军阀，出身流氓，不学无术，但就是凭借运气，步步高升，主政一省，此人就是“狗肉将军”张宗昌。

张宗昌本是山东人，因为山东遭灾，他就与他很多老乡一样，踏上了闯关东之路。到了东北，张宗昌打过零工，扛过长活儿，给老财主家放过牧，但都干不长久，直到流落到海参崴（符拉迪沃斯托克）。海参崴早就割让给俄国了，但是那时这里一片荒凉，没有了闯关东的中国人，俄罗斯人连吃饭都成问题，因此沙俄当局也就对中国人的涌入睁一只眼闭一只眼。

这张宗昌在家乡的时候，就是一地痞流氓，呼朋唤友，为祸一方，怎么可能会踏踏实实给人干活儿呢？到了海参崴，只因他身材魁梧，能喝酒，也讲义气，在海参崴的华人中小有名气，因此俄国人让他做了华警，负责管理那一带的华人。这个职位对张宗昌来说，可谓是如鱼得水，他充分发挥了他喜好结交朋友、讲义气的长处，无论是当地的地痞流氓，还是东三省的马贼，不少都是他的拜把子兄弟。

辛亥革命期间，革命党人觉得需要骑兵，就去东北联络绿林马贼，组织骑兵。张宗昌觉得是个机会，就借自己的面子，组织了一支骑兵队伍，跟着来了。但这支骑兵刚到了山东，革命就成功了，也没打成仗。接着南北和谈，黄兴淘汰了整十万的“革命军”，但张宗昌的队伍居然被保留下来。

在接下来的一段时间内，张宗昌左右逢源，拜了好几个山头，先是归顺了北洋军冯国璋，后来被派到湖南前线参战，却整天跟老百姓较劲、烧杀淫掠。在江西时，被江西督军陈光远缴了械，成了光杆司令，逃回了北京。

到北京后，他花大价钱买通了陆军部的人，通过结算历年积欠的军饷，一下子领到了二十几万大洋。恰逢直系军阀首领曹锟过六十大寿，张宗昌就倾其所有，定制了八个黄金的寿星，送给了曹锟。

曹锟得了这八个黄金寿星，觉得很有面子，就想要重用张宗昌。但当年直系真正的当家人吴佩孚，却很讨厌请客送礼拉关系，因此就死扛着不肯用他。张宗昌无可奈何，只好改换门庭，去东北投奔了张作霖。

张宗昌来投之际，正是第一次直奉战争张作霖新败之时，急于延揽各方人才。张宗昌怎么说也是做过师长的人，加上又是老乡（当年的东北人多为山东闯关东之辈），所以张作霖就收留了他，给了他一个宪兵营长干。

张宗昌是做过师长的人，现在却做了个小营长，但人在矮檐下，只能忍气吞声，寻找机会出头。没过多久，机会就来了。被张作霖挤走的原吉林督军孟恩远，趁奉系新败，回

张宗昌笼络的白俄军

到吉林，拉拢旧部，联络胡匪，想要光复旧业。但此时张作霖的大部队，还在南边与直系军阀对峙，远水救不了近火。没办法，只能把死马当活马医，找了几百支枪给张宗昌，让他先上去顶一阵。

谁知张宗昌到了吉林前线，发现孟恩远手下的土匪流氓，大多是他的老熟人，是他的拜把子兄弟，于是一招呼，这些人转身就都投奔了过来。就这样，张宗昌不费一枪一弹，平息了吉林的叛乱，还收编了三个团。于是张作霖就让他当了旅长，算是吉林省的省防军。

这时候，俄国十月革命后的内战即将结束，大批白俄军队在国内无法立足，逃到了中国东北。由于张宗昌在海参崴混过，会几句俄语，方便沟通，再加上他为人大方，讲义气，竟然笼络了大批白俄士兵。陆陆续续，张宗昌收容了一万多白俄兵，还有大批的武器，都是优质的俄式步枪，还有几十挺机枪和大炮。

于是张宗昌就组建了以白俄官兵为主的独立工兵团、骑兵旅、骑兵卫队、飞行队、铁甲军队。

这时张宗昌的实力，不可谓不强盛，但是在奉系军阀里，依旧不招人待见，一来是因为出身流氓，受军校生排挤，二来是因为没文化、粗鲁，被少帅张学良厌恶。

张宗昌素有“狗肉将军”之称。关于这个诨号的来历，说法很多，有说其爱吃狗肉，有说其曾被狗咬，有说其好比狗肉上不了台面，还有一个说法，与其好赌有关。张宗昌尤其爱推牌九，而广东人叫推牌九为“吃狗肉”，所以传出此号。张学良投其所好，约张宗昌聚赌，想借赌博收了张宗昌兵权。谁知道这场赌博张学良输得一塌糊涂，不但没收到兵权，反而白白地供给了张宗昌部队半年的军饷。从此，张学良更加厌恶张宗昌。

第二次直奉大战期间，张宗昌就被推到了第一线。张学良这是要借直系军阀之手，消灭张宗昌。

但是，命运之神再一次垂顾这个人。张宗昌的白俄军团发挥了威力，每战必克，最后，张宗昌打到自己的老家山东，

张学良

做了直鲁联军总司令。那两年，是他最神气的时候，人们说他是“三不知将军”，就是说在这段时间——不知自己有多少钱、多少枪和多少姨太太。

1926 年，张作霖与冯玉祥又打了一场大战，这一次，张宗昌再次立下功劳，自然欣喜若狂。

张宗昌一喜之下，就要犒赏三军。可上万人吃饭，起码要一千桌起，谁有气魄接这么大的买卖？接下这单生意的正是大饭庄忠信堂，他们把全北京跑大棚的厨师和家伙什都包了下来，又租了无数糖炒栗子的大锅和大铲子，据说炒虾仁用的就是糖炒栗子的大锅，炒虾仁的时候大铲子在锅里搅上几下，就可以出盘了。

后来，凡是军方请客，就都选忠信堂了。

张宗昌身后事

狗肉将军张宗昌

1932年，张宗昌被山东省政府参议郑继成枪杀于津浦铁路济南车站。消息传回铁狮子胡同4号的张宅，顿时哭声一片。张宗昌遗体运回北京后，张家大肆操办，请广化寺高僧做法事，请了六十四杠的大杠出殡，万福麟、张焕相、汤国桢、刘翼飞、吴佩孚等一百余名宾客致祭送殡。最后灵柩抵达香山普安店茔地安葬。“文革”期间，张宗昌墓被捣毁。郑继成刺杀张宗昌后，说是为父亲郑金声报仇。郑金声原本是冯玉祥部下，被张宗昌俘虏后杀害。郑继成自首入狱，经各方营救，国民政府发布特赦令，入狱七个月后被释放。

御厨再就业

仿膳

仿膳的创始人是原本在御膳房菜库当差的赵仁斋，此人于1925年在北海的北岸开办仿膳，这里是老北京人品尝御膳的最佳所在。

辛亥革命后，宣统皇帝溥仪退位，从此中国最后一个封建王朝结束。

溥仪虽然不再是中国的皇帝了，但依旧是清廷小朝廷的皇帝，还继续住在紫禁城，接受着满蒙王公和旧臣勋贵们的跪拜。这小朝廷的开支，也是由民国政府负责，民国政府议定的《关于大清皇帝辞位之后优待之条件》第一项二款规定，大清皇帝辞位之后，岁用四百万两。此款由中华民国政府拨用。

同时，紫禁城内还驻扎着大批皇家护军，保卫着皇宫。除了护军，宫中还随侍大量太监。虽然民国政府已经规定不许清宫再招收阉人，可是被太监伺候几百年的清宫权贵还是偷偷地收用着。据记载，直到 1922 年宫内仍然有一千多名太监。同时，过惯了奢侈生活的爱新觉罗皇族们仍然改不掉肆意挥霍的毛病，结果民国政府拨给的四百万两生活费常常入不敷出。比如，1920 年，溥仪用折合三十万美金的古玩、字画、珍宝作为赈灾款救济地震中的日本灾民；溥仪喜欢狗，因此不惜耗用重金从国外购进洋狗，连洋狗用的狗食也是进口的；清宫中本有御膳房，溥仪却增添了做西餐的番菜膳房。挥霍过多，钱不够用怎么办？向民国政府要。

可是，到了 1924 年，溥仪小朝廷这最后一点儿体面也维持不下去了，冯玉祥把小朝廷的护军缴了械，并派鹿钟麟进宫，逼迫溥仪三个小时内搬出紫禁城，否则就开炮。

1888 年醇亲王府

溥仪狼狈出宫，先是在醇亲王府住了几天，然后又搬到天津。

溥仪自己跑了，清宫中的那些仆役，生活可就没着落了，尤其是太监们，没有谋生技能，又干不了重活儿，好多都流落到街头乞讨。

但是，从小朝廷里出来的御厨们，却成了香饽饽，被各家饭店竞相招揽。这些御厨，有的加盟其他饭店，有的自己经营饭店，倒也给老北京人添了不少口福。尤其是仿膳茶庄，更是其中的佼佼者。

清朝皇帝的先祖们，原先在东北的时候，生活那叫一个简陋，宴席就是把兽皮往地上一铺，大家围拢在一起，席地而坐，《满文老档》记：“贝勒们设宴时，尚不设桌案，都席地而坐。”入关之后，生活逐渐奢侈起来。

即便是以简朴著称，甚至还在衣服上打补丁的道光皇帝，每天在饮食上的花费，也很奢侈。再后来，到了慈禧时期，那就更奢靡了，一顿普通晚膳，有三十多道菜。

虽然已逊位，但溥仪依旧在紫禁城过着奢侈的生活

即便是清朝已经覆灭，宣统小皇帝，加上隆裕太后、四位太妃，共六口人，每个月光肉就需要三千九百六十斤，鸡鸭三百八十八只。

因此，那时候的御厨，可谓是见过世面的人。

赵仁斋原本在御膳房的菜库当差，这时也失业了，就约了御膳房的孙绍然、王玉山、赵承寿等人，于1925年在北海的北岸开了一家仿膳茶庄。

这仿膳茶庄不光卖茶水，还经营宫廷糕点，有芸豆卷、豌豆黄、小窝头、肉末烧饼等，每一种都非常精美。据说这小窝头是慈禧在庚子事变后逃往西安的路途中吃到过，后来回到北京，让御膳房依法制作，就有了“小窝头”。

还有就是仿膳的肉末烧饼，不仅面粉、麻酱、芝麻等原料都有讲究，而且必用炭火烘烤，使之外酥里软味香。内中再夹上炒得不腥不腻的五香肉末，真是香酥可口。

这宫廷糕点，原只为皇家独享，但这些御厨流落民间之后，百姓们也都能一尝天家风味。一时间宾客盈门。

1956年，仿膳茶庄改名“仿膳饭庄”，还聘请了御厨，且由北海北岸迁入漪澜堂、道宁斋等古建筑群中。这里是当年帝后游览时用膳的地方，仿膳开在这里，也算相得益彰。

老舍题字

老舍一生只为一家店铺题写过匾额，就是仿膳。1959 年，仿膳在北海的北岸漪澜堂经营，有人建议郭沫若来为其题写匾额。郭沫若说，自己的字太狂草，不符合仿膳的风格，老舍的字比较工整，而且还是旗人，他来写更合适。于是，老舍便为仿膳题写了匾额。

仿膳的匾额为老舍所题

烤鸭的来历

便宜坊

“便宜坊”在永乐十四年（1416年）时就在京城的米市胡同开业了，是老北京烤鸭的鼻祖。

说起老北京脍炙人口的美食，烤鸭绝对是最具有代表性的美食之一。老北京的烤鸭，最早起源于哪里，众说纷纭，有代表性的说法有这么几个。

第一种说法是烤鸭起源于辽代，辽代帝王游猎，偶尔获取了纯白野鸭苗，于是繁育喂养，之后用于北京烤鸭。

另一个说法是烤鸭原型是西方的烤鹅，元朝时期烤鹅传入中国，由于国内鸭多鹅少，于是烤鹅就成了烤鸭。

还有一种说法是说，烤鸭原型是南京的烧鸭，在朱元璋定都南京时，颇得宫廷上下喜欢，后来明成祖朱棣迁都北京，烤鸭也就随之来到了北京。

最后一种说法，则与本文的主角有关，认为北京烤鸭起源于便宜坊。这便宜坊据说 1416 年时就在京城的米市胡同开业了，当时所经营的烤鸭，据说是从南京运来，因此店名叫“金陵烤鸭”。

这金陵烤鸭到了嘉靖年间，做大做强了，便请当时的名士、谏臣之首、曾上疏弹劾严嵩“五奸十大罪”的杨继盛题写了名号“便宜坊”，意为“此店方便宜人”。便宜坊的烤鸭是焖炉烤鸭，用砖砌成一立方米左右的地炉，烤鸭子之前，先用秫秸等燃料把炉内的温度升到合适的度数，然后把明火灭掉，再将鸭坯放在炉中的铁箅子上，关上炉门由烧热的炉壁将鸭子进行焖烤。这种不见明火的烤鸭技术，对炉火温度的要求很高——温度过高，鸭子会被烤煳；温度过低，鸭子则不熟。

便宜坊因其物美价廉，就在京城里扎了根，其间换了几任东家，但味道一直没变。

到了 1827 年，便宜坊这一代的掌柜病故，他的儿子继续经营这家作坊，生意越做越红火，由于人手不够，便招了一个伙计来帮忙。这伙计乃是山东荣成县人，叫孙子久。这孙子久刚来的时候也就十四五岁，聪明伶俐，勤快实在，很快就把作坊内的活儿都学到了家，很得东家的赏识。

几年之后，掌柜的独子突然患了重病，久病不愈，看遍了京城的名医，都束手无策，不得已就去庙里求神拜佛。庙里的一个和尚说："这是你整日杀生导致的，要想孩子的病痊愈，就不能再杀生。"掌柜的没办法，一狠心就把便宜坊转给了孙子久。

孙子久接手便宜坊之后，又在老家招了好几个学徒，自己带着他们，起早贪黑地忙活，依旧供不应求。于是他又添加了灶房，扩大了营业，可还是忙不过来。

于是在 1855 年，孙子久贴出一则启事：本坊自明永乐十四年开设至今，向无分铺。近因敝号人手不够，难为敷用，今各宝号愿意为合作者，尚乞垂赐一面洽商。若有假冒，当经禀都察院，行文五城都察院衙门，一体出示严禁。

启事贴出之后，上门商讨合作的商户很多。孙子久就与他们商议，由便宜坊派人到各店传授技艺，以技术和字号参

股联营。

但是，这口子一放开就刹不住了，没几年，京城里就出现了好些家便宜坊，比如前门外井儿胡同的“便意坊烤鸭饭庄”，石头胡同与李铁拐斜街的相接处“便宜坊”，崇文门外花市大街的“便宜坊鸡鸭店”，西单的“便宜坊盒子铺”，东单也有一家“便宜坊”。这样在北京的市面上出现了多家便宜坊。

这些“便宜坊”基本上都是由山东荣成县、福山县人开

便意坊烤鸭饭庄

全聚德的老照片

办的。不得已，光绪末年，便宜坊在自家的店名前增加了一个“老”字。

到了清朝同治年间，京城又出现了一家烤鸭新秀全聚德，掌柜叫杨全仁。起初是一个贩卖鸡鸭的商贩。他有了些积蓄后，看到便宜坊生意兴旺，便也想开一家烤鸭店。1864 年，他盘下一间叫德聚全的水果铺子，改名全聚德，开起了烤鸭店。杨全仁重金聘请了曾在清宫御膳房包哈局当过差的师傅“孙小辫”，另辟蹊径，采用了“挂炉”的方式来做烤鸭。挂炉不安炉门，用枣木、梨木等果木为燃料明火烤制。因为没有炉门，烤制时要用挑杆有规律地调换鸭子的位置，比如还

挂炉烤鸭

要有“撩裆”的技术操作，以使鸭子受热均匀。目前，焖炉和挂炉这两种烤鸭技艺已经被列入了“国家级非物质文化遗产名录”。

民国时期，全聚德由于做法新颖，名声已经大过了便宜坊。后来，全聚德又打破以往熟食作坊不卖饭座的规矩，开始卖座，成为一家以烤鸭为主的饭店。便宜坊见此，也开始卖起座来。为了争抢客源，全聚德还发明了“鸭票”，以供人们“亲戚寿日，必以烤鸭相馈送”。而受礼者可以随时持票到烤鸭店来吃刚烤好的烤鸭。全聚德的生意风生水起，而便宜坊却日渐衰微。直到中华人民共和国成立后，便宜坊经过扩建和改革，才再次成为与全聚德相媲美的烤鸭店。

填鸭

烤鸭用的是老北京特有的一种鸭种。这种老北京特有的鸭种，经过代代鸭工的钻研，创造出一种特有的喂养方式——“填鸭”。即用高粱、黑豆和荞麦面做成“剂子”，人工填喂到鸭子嘴里，这样能使鸭子很快达到体形丰满、肉质鲜嫩的标准，以用来烤制。清朝末年，老北京的养鸭技术，已经较为成熟，用母鸡和孵化器来孵鸭，三十天就可以孵化出鸭苗，算是比较快的了。而且，那时老北京的养鸭场，已经规模化了。“饲鸭之屋”就是鸭行俗称的“鸭子房”，遍布护城河以及通惠河上的青龙、广源、阜成、永定、大通诸闸。其中又以大通闸数量最多、规模最巨。北京有一句歇后语，“大通桥的鸭子——分帮分派”，就是形容大通桥下众多的鸭子房。

北京护城河上的鸭子

榜眼的私房菜

谭家菜

晚清时期，京城有这么一位名流，姓谭名宗浚，乃是岭南著名诗人、史学家、藏书家。他潜心学问，勤于著述，有《希古堂文集》《辽史纪事本末》《芳村草堂诗抄》等著作。他的家宴，就是“谭家菜”。

晚清时期，京城有一位榜眼翰林谭宗浚，是一位诗人、史学家、藏书家。

谭宗浚的诗文也很出色，题材广泛，内容丰富，情意真挚，《春雨》《为问》《游百花洲》《泮塘晚步》则为其代表作，体现了其沉博绝丽的风貌。

他嗜书如命，为自己的藏书楼取名“希古堂”，藏书有十二万卷。

谭宗浚还是著名的书画家。他的楷书，从欧阳询入手，继而研习褚遂良、虞世南等名贤的法帖，颇得心法。

谭宗浚少年才俊，十六岁时就中了举人。二十九岁又中

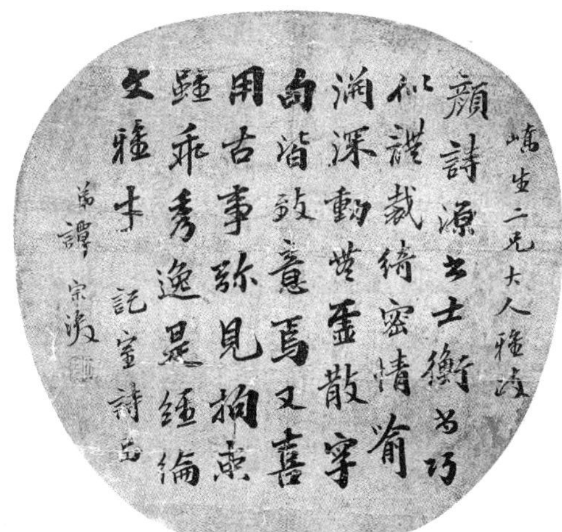

谭宗浚书法作品

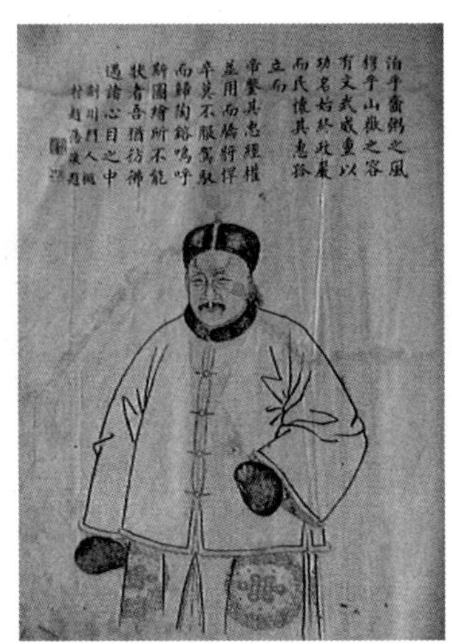

岑毓英画像

了进士，而且是一甲第二名，就是民间俗称的榜眼。

之后，谭宗浚就踏入京城，潜游宦海。谭宗浚到北京之后，先后担任翰林院编修，国史馆协修、撰修，方略馆协修等职位。居住于北京西四羊肉胡同。谭宗浚为人也很有风骨，当时，他的顶头上司岑毓英借镇压匪叛之机，乱兴大狱，陷害异见。谭宗浚得知此事后，坚持己见，向岑毓英表示："你如果党同伐异，我必先到吏部揭露。"岑毓英因为害怕而退缩了。在广西做官时，谭宗浚的风骨也名闻当地，人们慨叹说："似谭宗浚这般年轻文雅而不畏强权的人，实在罕见呀！"因为他性格耿直，被执掌翰林院的掌院所厌恶。终于，因为他清高和直言不讳，被外放云南粮储道。谭宗浚不乐意赴此外任，想辞去职务，又不允许，于是郁闷得病，引疾归乡，回家途中，郁郁而亡。那年仅有四十二岁。

这样一位颇有建树的文人，现代人提起他时，却往往与美食连在一起，这又是为何呢？

原来，谭宗浚虽然才学与人品俱佳，但有个不登大雅的癖好，就是好吃。那时的广东，粤菜已经基本成型，广东人的好吃之名也已经传遍全国。谭宗浚作为一个土生土长的广东人，从来也不会亏待自己的嘴。来京城做官之后，他因为职务清闲，尝遍了大小胡同里的美味。

1876 年，谭宗浚担任四川学政。来到四川这天府之国，就好比老鼠掉进米缸里，也把川菜吃了个够。1882 年，他担任江南乡试副考官。到了这里，他也没闲着，除了做本职工作之外，就是到处搜寻美食。就这样，谭宗浚每到一处为官，就要把这里的美食尝遍。到后来，他对于美食的见识，堪称无出其右者。

当时有一些官僚士大夫，招待亲友同僚喜欢摆家宴。这家宴成了规模，传承久了，竟形成了一个独特菜系，叫官府菜。通常官府菜在规格上不能超过宫廷菜，而又与庶民菜有极大的差别。官僚之家生活豪奢，资金充裕，原料丰厚，这是形成官府菜的原因之一。官府菜形成的另一个重要条件是名厨师与美食家的结合，比如东坡菜、随园菜，是由于苏东坡与袁枚都是有名的美食家，他们点评的菜谱，为时人追捧，

逐渐形成了菜系。

谭宗浚作为一位美食家，同僚亲友了解他对口腹之欲的苛求，因此对他的家宴也是非常追捧的。他家的家宴，不光有粤菜芳华，也有京城风味，更是把他宦游各地时所尝到的美食精华都融合进去。不光如此，他还亲自到后厨督点，烹龙炮凤，炮制出一桌桌饕餮大餐。于是，谭家的厨艺不断提高，终于形成甜咸适口、精选细作的独立名菜。

官僚士大夫招待亲友同僚喜欢用家宴，就形成了官府菜

在当时，谭家菜的名声虽然在官僚士大夫之间流传，但并不被民间所熟知。谭家菜真正名噪京城，要等到谭宗浚去世二十年之后了。

谭宗浚英年早逝，死时其子谭瑑青年仅十三岁。谭瑑青成年之后，曾任邮传部员外郎，辛亥革命后任议员，后又担任过交通部、平绥铁路局、教育总署、内务总署、实业总署的秘书。谭瑑青喜欢交朋友，经常设家宴遍请四方名士。时间长了，难免坐吃山空。但谭家菜声名远扬，不少人以重金求谭家代为备宴。初时，谭瑑青觉得这样做有伤士林体统，尤其是谭家世代为官，不屑于此。后来，为生活所迫，谭瑑青终于开门营业了。但谭瑑青终究放不下颜面，定了一些奇怪的规矩：每次只答应承办三桌，每桌价格一百块，当时的一百块，能买五十袋美国进口面粉，可见其价昂。不但如此，客人还必须为主人准备一份请柬，留一个座位，一份碗筷，以示谭府并非开饭店，而是宴客雅聚。这规矩在梁实秋所著的《雅舍谈吃·鱼翅》中有一段描写："谭家在西单牌楼机织卫，普普通通的住宅房子，院子不大，书房一间算是招待客人的雅座。每天只做两桌菜，约须十天前预定。最奇怪的是每桌要为主人谭君留出次座，表示他不仅是生意人而已，他也要和座上的名流贵宾应酬一番……鱼翅确实是做得出色，大盘子，盛得满，味浓而不见配料，而且煨得酥烂无比。当时的价钱是百元一桌。也是谭家的姨太太下厨。"当然，谭瑑青

也很知趣，每一桌酒席，他只夹一筷子，品尝一下，寒暄几句，便会离席。

除此之外，还有一条不成文的规矩，那便是无论吃客有多大来头，都需到谭家门庭来吃谭家菜。曾有很多名流请客，希望谭家厨师能出“外会”，均遭到拒绝。

谭瑑青的这种做法，虽然是出于放不下自己面子的原因，但实际上却暗合了一种现代较为常见的营销方式——饥饿营销。再加上谭家菜本身质量过硬，于是风闻千里，达官贵人都争相预订，以致当时的老北京流传出一句话：“戏界无腔不学谭（谭鑫培），食界无口不夸谭（谭家菜）。”

到了 20 世纪 40 年代的时候，谭瑑青去世了，其后人也无心经营，谭家菜的招牌就被当时谭家的厨师继承了，这也就是现在谭家菜的来历。

广和居

广和居门脸儿

京城八大居之一的广和居，是专为宣南这一片居住的士大夫服务的。因此，广和居虽然位置不够宽敞，房屋不够高大，陈设不够豪华，仍然名列八大居。由于跟士大夫关系密切，广和居有不少特色菜就是向一些士大夫家的家厨学来的，如“潘鱼”是从大学士潘祖荫家学来的，“江豆腐”是从江西某地太守江韵涛家学来的，“韩肘”是从户部郎中韩心畲家学来的。这些大官僚虽都居于京中，但都来自五湖四海，口味各不相同，风味迥异，因此也就使得广和居的菜肴丰富多彩了。以肘子为例，韩心畲是北方人，他家的肘子

是北方的做法，外酥里嫩。而另一道肘子名叫“陶菜”，是从侍郎陶凫芗家学来的，陶凫芗是江南人，肘子是甜的，还要加面筋等辅料，二者就大不相同。